Selda Sert
Zeliha Kayaaltı

Kurşunun Plasentadaki Düzeylerine Anne δ-ALAD Polimorfizminin Etkisi

Selda Sert
Zeliha Kayaaltı

Kurşunun Plasentadaki Düzeylerine Anne δ-ALAD Polimorfizminin Etkisi

Türkiye Alim Kitapları

Impressum / Künye
Bibliografische Information der Deutschen Nationalbibliothek: Die Deutsche Nationalbibliothek verzeichnet diese Publikation in der Deutschen Nationalbibliografie; detaillierte bibliografische Daten sind im Internet über http://dnb.d-nb.de abrufbar.
Alle in diesem Buch genannten Marken und Produktnamen unterliegen warenzeichen-, marken- oder patentrechtlichem Schutz bzw. sind Warenzeichen oder eingetragene Warenzeichen der jeweiligen Inhaber. Die Wiedergabe von Marken, Produktnamen, Gebrauchsnamen, Handelsnamen, Warenbezeichnungen u.s.w. in diesem Werk berechtigt auch ohne besondere Kennzeichnung nicht zu der Annahme, dass solche Namen im Sinne der Warenzeichen- und Markenschutzgesetzgebung als frei zu betrachten wären und daher von jedermann benutzt werden dürften.

Deutsche Nationalbibliothek tarafından yayınlanan bibliyografik bilgiler: Deutsche Nationalbibliothek, bu yayını Deutsche Nationalbibliografie'de listeler; detaylı bibliyografik bilgi İnternet'te http://dnb.d-nb.de sitesinde mevcuttur.
Bu kitapta bahsedilen herhangi bir marka ve ürün adı, tescilli marka, marka veya patent korumasına tabidir ve ilgili sahiplerin ticari veya tescilli markalarıdır. Marka, ürün, ortak ve ticari adların, ürün açıklamalarının v.s. işbu eserde özel işaretleme olmadan bile kullanılması, bu çeşit adların, tescilli marka ve marka korunması kanunu açısından kısıtlanmamış ve böylece herkes tarafından kullanılabilir olarak hiç bir şekilde yorumlanamaz.

Coverbild / Kitap kapağı resmi: www.ingimage.com

Verlag / Yayıncı:
Türkiye Alim Kitapları
ist ein Imprint der / yayınevinin bir ticari markasıdır
OmniScriptum GmbH & Co. KG
Bahnhofstraße 28, 66111 Saarbrücken, Deutschland / Almanya
Email / E-posta: info@turkiye-alim-kitaplary.com

Herstellung: siehe letzte Seite /
Basım yeri: son sayfaya bakın
ISBN: 978-3-639-81271-8

İÇİNDEKİLER

ÖNSÖZ

Bu çalışmada; ALAD G177C polimorfizminin, plasenta örneklerindeki kurşun düzeylerine etkisi araştırılarak aralarında ilişki olup olmadığı belirlenecektir. Bu verilerin sonuçları ile toplumumuzdaki annelerin ALAD G177C genotiplerine göre plasentadaki kurşun düzeyi belirlenerek; bebeklerde kurşun toksisitesinden dolayı ortaya çıkabilecek sağlık sorunlarına dikkat çekilebileceği düşünülmektedir.

Tez konumun seçimi ve tezimin hazırlanması sürecinde bana yol gösteren, toksikoloji bilimini anlamamı ve sevmemi sağlayan hocam Ankara Üniversitesi Adli Bilimler Enstitüsü Müdürü, Sayın Prof. Dr. Tülin SÖYLEMEZOĞLU'na,

Tez çalışmamın her aşamasında büyük katkılar sağlayan ve emek harcayan, tezimin yazım sürecinde ihtiyacım olan her an yanımda olan, danışmanım Doç. Dr. Zeliha KAYAALTI'na,

Tezimin genetik çalışmasında desteklerini esirgemeyen Dr. Biyolog Dilek KAYA AKYÜZLÜ, Uzm. Biyolog Esma SÖYLEMEZ ve Yrd. Doç. Dr. Ayşegül BACAKSIZ'a, manevi desteği ve içtenliğiyle her zaman yanımda olan sevgili arkadaşım Uzm. Biyolog Derya SÖYLEMEZ GÖKYER'e,

Metal analizinin yapılmasında yardımcı olan Dr. Biyolog Vügar Ali TÜRKSOY'a,

Yüksek lisans eğitimim süresince enstitüye ilişkin konularda bana her zaman yardımcı olan hocam Uzm. Biyolog Ayşe KARAKUŞ'a,

Dostluğun anlamını kavramamı ve hayatın içinde farklı bakış açıları kazanmamı sağlayan çok değerli dostlarım, Elektrik-Elektronik Mühendisi Necdet Armağan BİLEK, Sosyal Bilgiler Öğretmeni Hüseyin BAYRAKTAR ve Endüstri Mühendisi Rıza Onur BEKTAŞ'a,

Beni bugünlere getiren, maddi manevi her zaman yanı başımda olan, bana ülkeme layık bir insan olabilme isteği ve azmini kazandıran, üzerimdeki haklarını hiçbir zaman ödeyemeyeceğim canım AİLEM babam Kadir, annem Gülseren, ablam Serap ve canım kardeşim Fikret Sedat SERT'e çok teşekkür ederim. Sizi çok seviyorum.

SİMGELER VE KISALTMALAR

Ag	Gümüş
Al	Alüminyum
As	Arsenik
Pb	Kurşun
Sn	Kalay
Bi	Bizmut
Sb	Antimon
Cu	Bakır
Zn	Çinko
Fe	Demir
S	Kükürt
Be	Berilyum
Mg	Magnezyum
Ca	Kalsiyum
Sr	Stronsiyum
Ba	Baryum
P	Fosfor
Se	Selenyum
Cd	Kadmiyum
Na	Sodyum
K	Potasyum
Ga	Galyum
In	İndiyum
Tl	Talyum
Te	Tellür
Hg	Cıva
B	Bor
Si	Silisyum
Ar	Argon
Ne	Neon
Mn	Manganez
Cr	Krom
V	Vanadyum
Mo	Molibden
Ni	Nikel
LN	Milletler Cemiyeti
U.S. NL	Amerika Ulusal Kurşun Birliği
U.S. EPA	Amerika Çevre Koruma Örgütü
U.S. NAS	Amerika Bilimler Ulusal Akademisi
ATSDR	Toksik Maddeler ve Hastalıklar Sicili Kurumu
IARC	Uluslararası Kanser Araştırma Kuruluşu
ILA	Uluslararası Kurşun Derneği
TEL	Tetraetil Kurşun
TML	Tetrametil Kurşun
δ-ALA	Delta-Aminolevülinik asit
δ-ALAD	Delta-Aminolevülinik asit Dehidrataz
δ-ALAS	δ-ALA Sentaz

PBGS	Porfobilinojen Sentaz
PBGD	Porfobilinojen Deaminaz
UROS	Üroporfirinojen III Sentaz
UROGEN	Üroporfirinojen III
UROD	Üroporfirinojen III Dekarboksilaz
CPO	Koproporfirinojen III Oksidaz
PPO	Protoporfirinojen IX Oksidaz
PROTO	Protoporfirin IX
FeCh	Ferroşelataz
HFE	Hemokromatoz-Majör Doku Uyuşumu Kompleksi Sınıf I Proteini
HFE_2	Hemojuvelin
OR	Otozomal Resesif
OD	Otozomal Dominant
CYP	Sitokrom P-450 Monooksijenaz
GST	Glutatyon S-Transferaz
UDP-GT	Üridin 5'-Difosfo-Glukuronosil Transferaz
ALS	Amyotrofik Lateral Skleroz
ET	Esansiyel Tremor
CREB	cAMP Yanıt Element (CRE) Bağlayıcı Protein
NMDA	N-metil-D-aspartat
GABA	γ-Aminobütirik asit
GLT-1	Glutamat Taşıyıcı-1
ROS	Reaktif Oksijen Türleri
$PEPT_2$	Peptid Taşıyıcı-2
U-NAG	N-asetil-β-D-Glukozaminidaz
MTs	Metallotiyoneinler
VDR	D vitamini reseptörü
*e*NOS	Endotelyal Nitrik Oksit Sentaz
MGP	Matriks γ-Karboksiglutamik Asit
cGMP	Siklik-Guanozin-Monofosfat
GH	Büyüme Hormonu
IGF-1	İnsülin Benzeri Büyüme Faktörü-1
1,25-$(OH)_3D_3$	1,25-Dihidroksikolekalsiferol
IgE	İmmünoglobülin E
SCEs	Kardeş Kromatid Değiş Tokuşları
LBP	Kurşun Bağlayıcı Protein
ACBP	Açil-CoA-Bağlayıcı Protein
GRP78	Astroglial-Glukoz Düzenleyici Protein
DMSA	Dimerkapto Süksinik Asit/Süksimer
EDTA	Etilendiamin Tetraasetik Asit
BAL	İngiliz Anti-Levisit/Dimerkaprol
RNA	Ribonükleik Asit
DNA	Deoksiribonükleik asit
mRNA	Mesajcı RNA
cDNA	Komplementer DNA
SNP	Tek Nükleotid Polimorfizmi
PCR	Polimeraz Zincir Reaksiyonu
dNTPs	Deoksiribonükleozidtrifosfatlar
F Primer	Forward Primer (İleri Doğru Olan Primer)
R Primer	Reverse Primer (Aksi Yönde Olan Primer)
RFLP	Restriksiyon Fragman UzunlukPolimorfizmi
RE	Restriksiyon Endonükleaz
SAM	S-Adenozil-Metiyonin

ATP	Adenozin Trifosfat
EP	Eritroporfirin
ZPP	Zn-Protoporfirin
Py-5′-N	Pirimidin-5′-Nükleotidaz
NADS	Nikotinamid Adenindinükleotid Sentaz
GluTR	Glutamil-tRNA Redüktaz
GSA	Glutamat-1-Semialdehit
GSAM	Glutamat-1-Semialdehit Aminomutaz
GSH	Glutatyon
DTT	Ditiyotreitol
STZ	Streptozotozin
DOVA	4,5-Dioksovalerik Asit
SOD	Süperoksit Dismutaz
GR	Glutatyon Redüktaz
LA	α-Lipoik Asit
NAC	N-Asetilsistein
GSSG	Glutatyon Disülfit
MDA	Malondialdehit
AD	Alzheimer Hastalığı
PD	Parkinson Hastalığı
AU	Otizm
δ-FLA	δ-Florolevülinik Asit
DOSA	4,7-Dioksobazik Asit
A-G	Adenin - Guanin
C-T	Sitozin - Timin
bp	Baz Çifti
SDS	Sodyum Dodesil Sülfat
ppm	Milyonda Bir Ölçütü
ppb	Milyarda Bir Ölçütü
HNO_3	Nitrik Asit
TE	Tris-EDTA
DMSO	Dimetil sülfoksit
(GF) AAS	(Grafit Fırınlı) Atomik Absorbsiyon Spektrometresi
XRF	X-Işını Floresan
PIXE	Yüklü Parçacıklı X-Işını Emisyonu
ICP-MS	İndüktif Eşleşmiş Plazmalı Kütle Spektrometrisi
ICP-AES	İndüktif Eşleşmiş Plazmalı Atomik Emisyon Spektrometrisi
ASV	Anodik Sıyırma Voltametrisi
IDMS	İzotop Seyreltimi Kütle Spektrometrisi
HPLC	Yüksek Performanslı Sıvı Kromatografi

ŞEKİLLER

ÇİZELGELER

1. GİRİŞ

1.1. Kurşun

1.1.1. Tarihçesi

Ağır metal sözcüğü, uzun zamandır kulllanılan fakat tanımı üzerinde ortak bir kanıya varılamamış bir terimdir. 20 yılı aşkın süredir mevzuat ve yayınlarda geçen bu terim, kirlilik ve ekotoksisite ile ilişkili metaller ve metalloidler (yarı-metal) için oluşturulmuş ayırıcı bir grup ismi niteliğindedir (Duffus, 2001). Doğal olarak var olan ve doğada yok edilemeyen ağır metaller, önemli çevre kirleticiler ve halk sağlığı tehditleridir (Morsch ve ark., 2002).

ATSDR'nin "Öncelikli Maddeler Listesinde (SPL)" 2. sırada yer alan kurşun (ATSDR, 2011); doğada yaygın olarak bulunma, kolay çıkarılabilme ve kolay işlenebilme özellikleri nedeniyle binlerce yıldır insanlarca kullanılan bir metaldir. Simyacılar, kurşunu *"prima matera"* yani en eski metal olarak kabul ederler ve onu hasat ve zaman tanrısı olan Satürn gezegeniyle aynileştirirler (Almirantis, 2005).

Kurşunun kimyasal sembolü olan Pb; Latince *"plumbum"* kelimesinin kısaltmasıdır (Liu ve ark., 2008). Kökeni eski Yunanca *"mólubdos"* kelimesine dayanan plumbum, Latince yumuşak metal anlamına gelir. Başlarda kalay (Sn), kurşun ve bizmut (Bi) gibi düşük erime noktalı yumuşak metallerin genel adı olan bu terim, sonraları yalnız kalay (plumbum candidum/beyaz metal) ve kurşun (plumbum nigrum/siyah metal) için kullanılır hale gelmiştir (1).

Kurşunu kimin keşfettiği bilinmese de arkeolojik çalışmalar sonucu elde edilen bulgular, kurşunun kullanımını M. Ö. 7000'lere kadar götürmektedir (Lesser, 1988). Kurşundan yapılmış en eski eşyalar, M. Ö. 6500 yılına ait kurşun kolyelerdir. Bu kolyeler, bugünkü Türkiye toprakları üzerinde yer alan Çatalhöyük'ten çıkarılmıştır (Gilbert, 2012). Mısır lahitlerinden; Mısır'da kurşun pigmentlerinin çömlek, boya ve kozmetik malzeme yapımında kullanıldığını anlaşılmaktadır (Lesser, 1988).

Kurşundan en etkin şekilde yararlanan devlet Roma İmparatorluğu olmuştur. Romalılar kurşunu çömlek sırlamada, askeri malzeme yapımında, yemek pişirme gereçlerinde ve boru hatlarında kullanıyordu. Ayrıca üzüm sularını da şarabı tatlandırması ve koruması amacıyla kurşun çömleklerde kaynatıp koyulaştırıyorlardı. Şekerin olmadığı zamanlarda kurşun asetatı şaraplarda tatlandırıcı olarak uzun yıllar kullanan Romalıların, 400 yıl boyunca yıllık kurşun üretimi **60000** ile **80000** ton arasındaydı (Hernberg, 2000). Romalılardan sonra kurşunun kullanımı tüm dünyaya yayılmış, medeniyetlerdeki yerini sağlamlaştırmıştır. Kurşun Osmanlı İmparatorluğu'nda silah yapımının dışında cami kubbelerinde ve çatılarda da kullanılıyordu.

1.1.2. Fiziksel ve Kimyasal Özellikleri

Kurşunun genel özellikleri Çizelge 1.1.'de belirtilmiştir.

Çizelge 1.1. Kurşunun genel özellikleri (U.S. DHHS, 2003; 2).

Periyodik Tablodaki Yeri	6. periyot - 4. grup - p bloğu
Simgesi	Pb
Atom Numarası	82
Atom Ağırlığı	207.2 g / mol
Valens Değerleri	+2 ve +4
Rengi	Mavimsi gri
Kokusu	Kokusuz
Fiziksel Durumu	Yumuşak metal
Kristal Yapısı	Yüzey merkezli kübik
Erime Noktası	327,43 °C
Kaynama Noktası	1740 °C
Yoğunluğu	11,4 g / cm^3 (20 °C' de)
Sıvı Haldeki Yoğunluğu	10,66 g / cm^3
Atom Yarıçapı	180 pm
İyonlaşma Enerjisi	715,6 kJ / mol
İzotopları	202 g/mol'den 214 g/mol'e kadar
Buhar Basıncı	1,77 mm Hg (1,000 °C' de)

1.1.2.1. Fiziksel Özellikleri

- Madenden çıkarılan kurşun ilk başta gümüşi renktedir. Fakat havayla temas eder etmez oksitlenmeden dolayı cevherin rengi mavimsi griye döner.
- Kurşun da diğer metaller gibi; elektrik ve ısı iletkenliği ile parlaklık ve yüksek yoğunluğa sahip bir elementtir.
- Kurşun çoğu metale göre düşük erime noktasına sahip olduğu için çok yumuşak bir metaldir; bu özelliği sayesinde döküm ve ekleme işlerinde rahatlıkla kullanılır.
- Kurşunun doğada farklı izotopları mevcuttur ve bu izotopların farklı mineral depolarındaki konsantrasyonları farklıdır; bu durum toprak ve tortular içindeki kurşun kaynaklarının tanımlanmasında yararlı olabilir.
- Kurşunun oldukça yüksek yoğunluğa sahip olmasının nedenleri; kütle numarasının oldukça büyük olması ve kristal yapısının yüzey merkezli kübik yapıda bulunmasıdır. Kurşunun yüksek yoğunluğa sahip olmasının ona kazandırdığı bazı özellikler vardır. Bunlar; X-ışınlarının, gama-ışınlarının ve ses dalgalarının etkisini azaltabilme yetisidir. Bu sayede radyasyonlu ortamlarda ve ses yalıtımı istenen durumlarda kullanılabilir.
- Kurşunun çok küçük bir nötron yakalama kesit alanı olması, onun nötron absorplamamasına; yani radyoaktif ve kararsız olmamasına neden olur.
- Düşük ağırlık altında bütün katı maddeler gibi kurşun da deforme olur ve ağırlık kaldırıldığında eski haline gelir. Bu, elastik deformasyondur ve tersine çevrilebilir. Yüksek ağırlık altında ise kırılgan materyaller kırılır; kurşun gibi biçimlendirilebilir olanlar ise esnek bir şekilde deforme olur. Bu da kurşunun, yüksek ağırlıklara dayanıklılık gerektiren durumlarda tercih edilmesini sağlar.
- Saf kurşunun çekme dayanımı; 12-17 MPa arasındadır ki bu da birçok metal ve hatta plastikten bile düşük bir dayanıklılıktır. Fakat ilginç bir şekilde diğer metallerden küçük miktarlarda ilave ile bile kurşunun çekme dayanımı dikkate değer biçimde artar. Buna neden olan, metallerin sünme davranışı özelliğidir. Kurşuna bu dayanaklılığı kazandırmak için en çok ilave edilen metaller; Sb, Sn ve bakırdır (Cu).

- Bütün metaller gibi kurşun da havayla temas ettiği andan itibaren dayanıklılığını yitirmeye başlar (ILA, 2001).

1.1.2.2. Kimyasal Özellikleri

- Kurşun filizleri doğada genel olarak çinko (Zn), demir (Fe) ve gümüş sülfür (Ag_2S) bileşikleri ile iç içe geçmiş olarak bulunur. Kurşun, bileşiklerinde genel olarak divalen formda olmayı tercih eder (Liu ve ark., 2008).
- Sülfür ve fosfat bileşiklerine yüksek afinitesi olan kurşun, filizlerinde en çok parlak sülfür bileşikleri halinde bulunur. Bu bileşikler içerisinde galena filizi yani kurşun sülfür (PbS), en yüksek yüzdeye sahip kurşun bileşiğidir. Galenadan sonra onun oksitlenmiş halleri olan serüsit ve anglezit gelir (U.S. DHHS, 2003).

- İnorganik bileşiklerinde kurşun, genelde divalen formdadır ve yapısal olarak berilyum (Be), magnezyum (Mg), kalsiyum (Ca), stronsiyum (Sr) ve baryum (Ba) gibi 2. grup metallerine benzer (ILA, 2001). Organik bileşiklerinde ise genelde tetravalen formda olmayı tercih eder (Liu ve ark., 2008).

- Kurşun, reaksiyona girmeyi seven bir metal olmamasına rağmen popüler görüşün aksine tamamıyla inert bir element de değildir. Fe ve Sn'den daha az, Cu'dan ise daha reaktif olan kurşun; bazı şartlar altında yıllar içerisinde suda yavaşça çözünebilecek kadar reaksiyona girebilen bir metaldir (ILA, 2001).
- Metalik kurşun (Pb^0), korozyona oldukça dayanıklıdır ve diğer metallerle çeşitli alaşımlar yapacak şekilde birleşebilir (Liu ve ark., 2008).
- Nemli havada kurşun hızlı bir şekilde kararır. Yüzeyde oluşan bu kurşun oksit, havadaki karbon dioksit ile reaksiyona girerek kurşun karbonata dönüşebilir. Yüzeyi kaplayan bu tabaka kurşun için yüksek derecede koruma sağlar (ILA, 2001).

1.1.3. Kimyasal Bileşikleri

1.1.3.1. İnorganik Kurşun Bileşikleri

- ***Kurşun Sülfür (PbS):*** Seramiklerde; yarı iletkenlik sağlama, katalizleme ve ayna kaplamada, roketlerde; nem alıcısı olarak kullanılır. Nitrik asitte çözünür; alkol, potasyum hidroksit ve suda çözünmez.
- ***Kurşun Sülfat ($PbSO_4$):*** Fotoğrafçılık, taş baskı sanatı, toprak baraj ve yollar ile çinkoyla birlikte galvanik bataryalarda kullanılır. Sodyum hidroksitte çözünür; alkolde çözünmez.
- ***Kurşun Bromür ($PbBr_2$):*** Kullanım alanı yoktur; benzinin yanma ürünüdür. Suda $8{,}441 x 10^2$ mikrogram/desilitrede (µg/dL) çözünür; alkolde çözünmez.
- ***Kurşun Klorür ($PbCl_2$):*** Organo-kurşun bileşiklerinin imalatında, amyant kaplama veya amyant fren balatalarında katalizör ve alev geciktirici olarak kullanılır. Su, sulandırılmış hidroklorik asit ve amonyakta çözünür; etanolde çözünmez.
- ***Kurşun Karbonat ($PbCO_3$):*** Yüksek basınçlı yağlama yağlarında katalizör olarak, elektro taş baskı sanatında foto iletken olarak, termo-grafik kopyalama için kaplamalarda kullanılır. Eskiden boyalar da $PbCO_3$ içerirdi. $PbCO_3$; su, amonyak ve alkolde çözünmez; asidik ve alkali çözeltilerde çözünür.
- ***Kurşun Oksit (PbO):*** Boyalar, cam ve seramik, kauçuk, plastik ve pigment imalatında kullanılır. Su ve alkolde çözünmez; alkaliler, amonyum klorür, asetik asit ve nitrik asitte çözünür.
- ***Kurşun Tetraoksit (Pb_3O_4):*** Alçılar, yağlar, seramik sırları, vernikler, kauçuk renklendirmesi, cam için kullanılan çimentolar, aküler ve boyalarda yükseltgen olarak kullanılır. Hidroklorik asit ve asetik asitte çözünür; su ve etanolde çözünmez.
- ***Kurşun Azid (PbN_6):*** Patlayıcı olarak kullanılır. Suda $23 x 10^3$ µg/dL çözünür.
- ***Kurşun Arsenat ($PbAsHO_4$):*** Eski dönemlerde insektisit ve herbisit olarak kullanılırdı. Suda çözünmez; nitrik asit ve alkali çözeltilerde çözünür.
- ***Kurşun Kromat ($PbCrO_4$):*** Boya, kauçuk ve plastikte pigment olarak kullanılır. Suda çözünmez (<0,01 µg/dL).

- ***Kurşun Florür (PbF_2):*** Düşük güçte sigortalar, kolay eriyen camlar ile diğer elektronik ve ışıksal uygulamalarda katalizör olarak kullanılır. Su, aseton ve amonyakta çözünmez; nitrik asitte çözünür.
- ***Kurşun Floroborat (PbB_2F_8):*** Elektro-kaplamada epoksi reçineler için sertleştirici ve katalizör olarak kullanılır. Alkolde bozunur.
- ***Kurşun İyodür (PbI_2):*** Foto-grafik emülsiyonlar, bulut tohumlama için aerosoller, amyant fren balataları ve termoelektrik materyallerde kullanılır. Suda 0,063 µg/dL çözünür; alkolde çözünmez.
- ***Kurşun Nitrat ($Pb(NO_3)_2$):*** Kibrit ve patlayıcı imalatında, naylonda sıcaklık stabilizörü olarak ve foto-termografi için kullanılan kağıdın kaplanmasında yükseltgen özelliği için kullanılır. Su, % 43 etanol, alkaliler ve amonyakta çözünür; nitrik asitte çözünmez.
- ***Kurşun Fosfat ($Pb_3(PO_4)_2$):*** Özel camlar ile stiren ve kazein gibi plastiklerde stabilizör olarak kullanılır. Su ve etanolde çözünmez; alkaliler ve nitrik asitte çözünür.
- ***Kurşun Tiyosiyanat ($Pb(SCN)_2$):*** Kibrit ve fişeklerin imalatında kullanılır. Suda çözünmez; alkali hidroksitler, tiyosiyanat çözeltileri ve kurşun sülfosiyanatta çözünür.
- ***Kurşun Asetat ($PbC_4H_6O_4$):*** Küf önleme ve su geçirmezlik özelliği gerektiren yerler ile pamuklu boyalarda renk sabitleştirici olarak kullanılır. Su (1-5x10^6 µg/dL), etanol, dimetil sülfoksit (DMSO), aseton ve gliserolde çözünür.
- ***Kurşun Asetat Trihidrat ($PbC_4H_{12}O_7$):*** Analitik reaktif olarak, vernik, krom pigment, çürüme önleyici boyalar ve tarihi boyalarda kullanılır. Suya karışabilir, etanol, aseton ve gliserolde çözünür.
- ***Kurşun Subasetat ($Pb_2C_4H_8O_6$):*** Şeker analizi ile organik maddelerin temizlenmesinde kullanılır. Su ve etanolde çözünür.
- ***Kurşun Stifnat ($PbC_6HO_2(NO_2)_3$):*** Savaş malzemelerinin imalatında kullanılır. Çözünebilirliği konusunda mevcut bir veri yoktur.
- ***Kurşun Stearat ($Pb(C_{18}H_{35}O_2)_2$):*** Plastik ve kauçuk üretiminde stabilizör olarak kullanılır. Çözünebilirliği konusunda mevcut bir veri yoktur.

- ***Kurşun Naftenat ($Pb(C_7H_{11}O_2)_2$):*** Vernik kurutucu, katalizör, ahşap koruyucu ve insektisit olarak kullanılır. Suda çözünmez; etanolde çözünür (U.S. DHHS, 2003).

1.1.3.2. Organik Kurşun (Organo-Kurşun) Bileşikleri

- ***Tetra-metil Kurşun (TML) ($Pb(CH_3)_4$):*** Yasaklanana kadar motorlu taşıtlar için benzinde vuruntu önleyici olarak kullanılmıştır. Günümüzde yalnızca hava taşıtları, yarış arabaları ve karayoluna çıkmayan taşıtlarda (traktörler, deniz araçları, iş makineleri ve karavanlar) kullanılır. Suda çözünmez; benzen, etanol ve dietil eterde çözünür.
- ***Tetra-etil Kurşun (TEL) ($Pb(C_2H_5)_4$):*** TEL'nin kullanım alanları, TML ile aynıdır. Suda hemen hemen hiç çözünmez ($2,1x10^{-4}$ µg/dL); benzen, etanol ve dietil eterde çözünür.
- ***Di-alkil ve Tri-alkil Kurşunlar:*** Kullanım alanları yoktur. Tetra-alkil kurşunların atmosferde hızlı bir şekilde ayrışması sonucu oluşurlar. Çözünebilirlikleri konusunda mevcut bir veri yoktur (U.S. DHHS, 2003).

1.1.4. Kullanım Alanları

1.1.4.1. İnorganik Bileşikleri

İnorganik kurşun bileşikleri; boyalarda ve seramik sırlarında boyar madde olarak (Liu ve ark., 2008, p.: 943-944), makineler, elektrik yedekleme sistemleri ve endüstride kullanılan bataryalarda, radyasyondan koruyucu zırhlarda, ses yalıtımında, su borularında, askeri mühimmatlarda, kablo yalıtımında, lehimcilikte, çömlekçilikte, vitrayda (dekoratif camlar), kuyumculukta, balık oltalarında ve polivinil klorür (PVC) içinde stabilizör olarak kullanılır (Skerfving ve Bergdahl, 2007, Chapter 31; Gilbert, 2012, p.: 95-107). Günümüzde çevresel ve sağlıksal nedenlerden dolayı birçok ülkede içme suyu borularında, gıda konserveleri ve ev boyalarında inorganik kurşun bileşikleri (kurşun oksit) kullanılmamaktadır (U.S. DHHS, 2003).

İnorganik kurşun bileşikleri; hem çeliğin korozyondan korunması amacıyla köprü, gemi ve lokomotif gibi yapıların dışına sürülen boyalarda hem de evlerdeki boyalarda kullanılır. Amerika, Avustralya ve Yeni Zelanda gibi ülkelerde beyaz kurşun (kurşun karbonat hidroksit; $[PbCO_3]_2Pb[OH]_2$); yalnızca dış yüzey değil aynı zamanda iç yüzey boyalarda, mobilya ve hatta oyuncak boyalarında yaygın olarak kullanılır hale gelmiştir (Skerfving ve Bergdahl, 2007, Chapter 31). Kurşunun özellikle gelişmekte olan ülkelerde alternatif tıpta ve kozmetikte hala kullanıldığı bilinmektedir. Kurşun içeren sürme gibi geleneksel kozmetik ürünlerinin gelişmiş ülkelerde de kullanıldığına dair kanıtlar mevcuttur (U.S. DHHS, 2003).

Çizelge 1.2. Kurşun bazlı boyaların tarihçesi (Gilbert, 2012, p.: 97'den derlenmiştir).

Yıl	*Olay*
1887	Amerikan sağlık otoriteleri çocukluk çağı kurşun zehirlenmesini teşhis etti.
1904	Çocuk kurşun zehirlenmesi ile kurşun bazlı boyalar ilişkilendirildi.
1909	Fransa, Belçika ve Avusturya, beyaz kurşunlu (kurşun karbonat hidroksit) iç çephe boyasını yasakladı.
1914	Boya yemeden kaynaklı pediatrik kurşun bazlı boya zehirlenmesi ölümü tanımlandı.
1921	U.S. NL, kurşunun zehir olduğunu kabul etti.
1922	LN, beyaz kurşunlu iç cephe boyasını yasakladı; fakat Amerika bu görüşü reddetti.
1943	Boya yemenin çocuklarda; fiziksel, nörolojik (zeka, hafıza, öğrenme vb.) ve nörodavranışsal bozukluklara yol açtığı bildirildi.
1971	"Kurşun Bazlı Boya Zehirlenmesini Önleme Yasası" yürürlüğe girdi.
1978	Kurşun bazlı ev boyası yasaklandı.

Şekil 1.1. Kurşunun başlıca kullanım yerleri (May, 2011'den derlenmiştir).

1.1.4.2. Organik Bileşikleri

Kurşunun benzinlere ilave edilmesi, 20. yüzyılın en büyük halk sağlığı fiyaskolarından biri olarak kabul edilir. TEL, 1854'te Alman bir kimyager tarafından keşfedilmiş, bundan 67 yıl sonra 1921'de Amerikalı *Midgley* kurşunun, etilenle birleşerek antidetonan (patlamalı yanmayı önleyici) özellik kazanarak motor vuruntusunu azalttığını bulmuş ve *Kettering* ile birlikte bu konuda araştırmalar yürütmüştür. Amerika'daki otomobil endüstrisinde yaşanan muazzam yarış ile yağ, petrol ve kimya endüstrisindeki büyüme dönemine rastlayan bu keşiften 1 yıl sonra U.S. PHS, kurşunla bağlantılı potansiyel tehlikeler hakkında bir uyarı yayınlamıştır.

1923'te DuPont Şirketi, ilk geniş çapta TEL üretimine başladı ve kurşun maruziyetinden ilk işçi ölümleri gerçekleşti. Buna rağmen pilot bölgelere kurşunlu benzin satışını başlatan DuPont Şirketi, General Motors'un %35'lik hissesine sahipti ve G. Motors ile Standard Oil Şirketleri TEL üretimi için Ethyl Corporation adında bir şirket kurdular. Kurulan bu etil ortaklığının New Jersey'deki fabrikasında 1924 yılında, kurşundan etkilenen toplam işçi sayısı bilinmemekle beraber 5 işçi kurşun zehirlenmesinden öldü.

1925 yılında U.S. PHS başkanı TEL'in güvenliği konusuyla ilgili bir komite oluşturdu. Komite bu konuyu gözden geçirirken TEL satışları askıya alındı. Ertesi yıl, aynı komite kurşunu tehlikesiz buldu ve TEL'in benzinde kullanımı ve satışının derhal yeniden başlatılmasını uygun gördü. 1936'ya kadar, Amerika'da satılan benzinin %90'ı kurşun içermekte ve Ethyl Corporation satışlarını Avrupa'da genişletmekteydi. 1950'lerin başında Amerikan Adalet Bakanlığı; rekabeti önleyici aktiviteler konusuyla ilgili DuPont, General Motors, Standard Oil ve Ethyl Corporation hakkında bir soruşturma başlattı. 1965 yılına ait bir raporda; çevredeki yüksek kurşun seviyelerinin, insanların kurşun kullanımından kaynaklandığı konusundaki endişeler vurgulandı.

1972'de U.S. EPA, benzinde kurşun kullanımının planlı bir şekilde yürürlükten kaldırılması yönünde görüş bildirince Ethyl Corporation tarafından derhal mahkemeye verildi. 4 yıl sonra EPA standartları mahkemede uygun bulundu ve 1980 yılında U.S. NAS, kurşunlu benzinin çevredeki kurşun kirliliğinin en büyük kaynağı olduğunu bildirdi (Kovarik, 2005).

1981 yılından itibaren uygulanmaya başlanan "Kurşunun Benzinden Kaldırılması Programı"nın tam anlamıyla hayata geçirildiği yıllar; Amerika'da 1991-1996, AB'de 1993- 2000, Türkiye'de ise 2004'tür. Bugüne kadar yalnızca Amerika'da yakıtlardan atmosfere salınan kurşun miktarının 7 milyon ton olduğu tahmin edilmektedir (Gilbert, 2012, p.: 98). Günümüzde Afrika'daki ülkeler dışında pek çok ülke tarafından konulan yasalar sayesinde çevresel kurşun miktarında önemli bir düşüş yaşanmış ve organik kurşun bileşiklerine olan ilgi oldukça azalmıştır (Skerfving ve Bergdahl, 2007, Chapter 31).

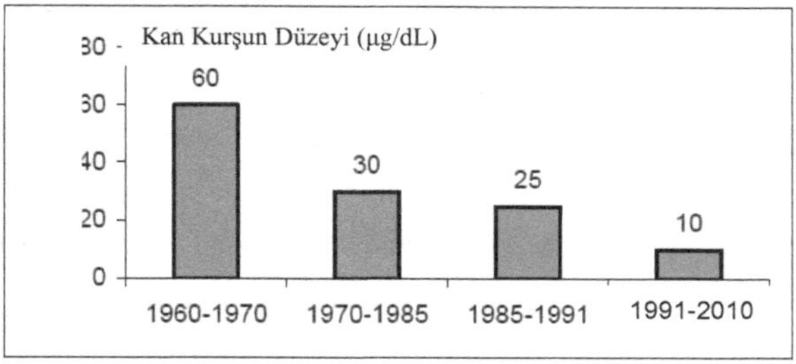

Şekil 1.2. Çocuklarda kurşunlu benzin nedeniyle yükselen kan-kurşun düzeylerinin CDC tarafından sistematik olarak düşürülmesi (ATSDR-CSEM, 2010'dan derlenmiştir).

Çizelge 1.3. U.S.GS'nin 2012 yılı mineral madde istatistikleri (http://minerals.usgs.gov'dan derlenmiştir).

	Pb Üretimi (kiloton bazında)		**Pb Rezervleri**
	2010	*2011*	
Amerika	369	345	6,100
Avustralya	625	560	29,000
Bolivya	73	85	1,600
Kanada	65	75	450
Çin	1,850	2,200	14,000
Hindistan	95	120	2,600
İrlanda	45	50	600
Meksika	158	225	5,600
Peru	262	240	7,900
Polonya	70	40	1,700
Rusya	97	115	9,200
Güney Afrika	50	55	300
İsveç	60	70	1,100
Diğer Ülkeler	320	340	5,000
Dünya Geneli	**4,140**	**4,500**	**85,000**

1.1.5. Maruziyet Yolları

Kurşun maruziyeti, tüm dünyada önemli bir sorundur. Hem gelişmiş hem de gelişmekte olan ülkelerde bu sorunla baş etmedeki yetersizlik, devam eden kurşun maruziyetine neden olmaktadır. Yalnızca Amerika'da 1997 yılında kurşuna harcanan sağlık giderlerinin *43,5* milyar dolar olduğu tahmin edilmektedir. Bu rakam diğer çevresel toksinlerle bağlantılı harcamalardan çok daha yüksektir. Çocukluk dönemi kurşun maruziyeti; gelişmiş ülkelerin daha çok sosyoekonomik durumu iyi olmayan ailelerinin çocuklarında ve Hindistan, Filipinler gibi gelişmekte olan ülkelerde görülür (Jones, 2009). Biyolojik olarak vücuda hiçbir yararı olmayan kurşun, çevrede yok olmaz. Örneğin; TEL ve TML atmosfere salındıktan sonra fotoliz aracılığıyla trialkil ve dialkil kurşun bileşiklerine ayrışıp oradan da inorganik kurşun oksitlere ve karbonatlara dönüşür.

Çevresel kaynaklı kurşunun vücutta absorblanma oranı vücuttaki ortamın ve maruz kalınan kurşunun niteliklerine de bağlıdır. Maruz kalınan kurşun bileşiğinin cinsi, tanecik büyüklüğü, vücutta absorbe olduğu bölge, o bölgedeki sıvının asitliği ve bireysel fizyolojik farklılıklar bileşiğin ortamda daha yüksek oranda çözünmesi, dolayısıyla daha yüksek oranda kana karışmasına neden olur. Atmosferdeki kurşun esas olarak, kurşun sülfat ve kurşun karbonat formundadır. İri tanecikli kurşun atmosferden ıslak ya da kuru birikim şeklinde toprak ve suya geçerek uzaklaşır. Parçacık büyüklüğü atmosferik olarak taşınmanın belirleyicisidir. Tanecik çapı 2 µm'den büyük olan parçacıklar emisyona uygundur.

Kurşun sülfat, kurşun karbonat, kurşun fosfat ve kurşun hidroksit bileşiklerinin sudaki düşük çözünürlükleri nedeniyle, yer üstü ve yer altı sularının kurşun bulundurma oranı genellikle düşüktür. Toprakta sıkıca tutunduğu için yüksek asidik toprak hariç kurşunun, yer altı sularına taşınması zordur. Kurşun toprağa iyon değişimi ve çok özel bir adsorpsiyon ile bağlıdır. Yapılan bir çalışmada; kireçsiz ve asidik toprakta biriken av tüfeği saçmalarının 20 yıl sonra küçük memelilerde tespit edilmesi, ortamdaki metalik kurşunun biyolojik varlıklara aktarılarak oradan da besin zincirine transfer olabileceğinin kanıtıdır (U.S. DHHS, 2003).

1.1.5.1. Çevresel Maruziyet

İnsanın çevrede maruz kaldığı başlıca kurşun kaynakları Şekil 1.2'de özetlenmiştir.

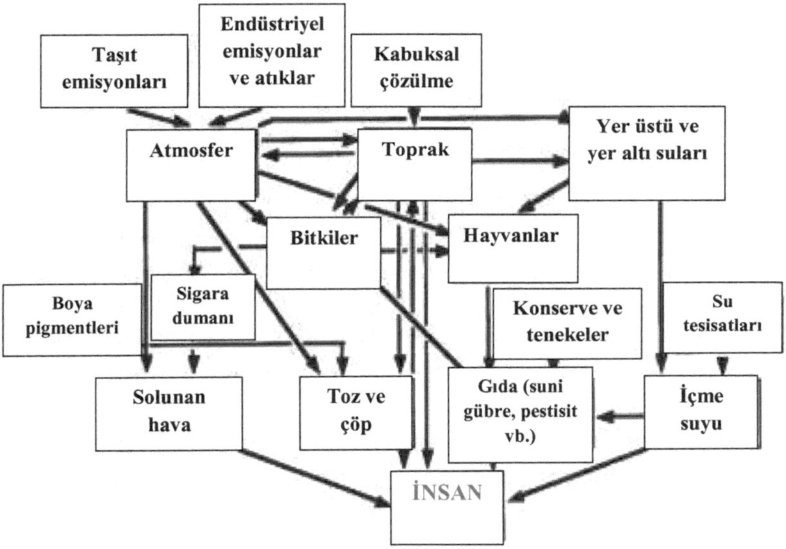

Şekil 1.3. Çevrede sürekli maruz kalınan kurşun kaynakları (Skerfving ve Bergdahl, 2007'den derlenmiştir).

Genel anlamda kurşun maruziyetinin ana sebebi besinler ve su olsa da; oltalarda kullanılan batırıcılar, bilardo tebeşiri, çocuk oyuncakları ve mangallardaki boyalar son 15 yıl içinde yeni sayılabilecek kurşun kaynakları olarak yerlerini almıştır (Jones, 2009). İspanyolların 'litargirio'su, Meksikalıların 'azarcon ve greta (Maria Luisa) sı', Asyalıların 'chuifong, ba-baw-san, bali goli, ghasard, kandu ve tokuwan'ı, Ortadoğuluların 'alkohl, cebagin ve saoott'u ve Hintlilerin 'kohl'u (sürme); bazı etnik gruplar tarafından geleneksel tedavide kullanılan ayurvedik bitkisel ilaçlar, halk tedavileri ve kozmetik ürünlerdir (ATSDR-CSEM, 2010). Bu ürünler ve bazı ithal baharatlar, çevresel kurşun maruziyeti açısından günümüzde de önemini korumaktadır (Jones, 2009). Kurşun içeren boyalar, çocuklarda kurşun maruziyetinin esas kaynağını oluşturur (Liu ve ark., 2008). İngiltere'de Victoria döneminden kalan evlerde yapılan restorasyon çalışmalarındaki budama ve sıyırma işlemlerinde, ortamın kurşunla kontamine olması dikkat çekicidir (Jones, 2009).

1.1.5.2. Mesleki Maruziyet

Mesleki kurşun maruziyetinin en yaygın yolu, kurşun buharları ve kurşunlu tozların havadan solunum sistemiyle alınmasıdır. Kurşun, ağız yoluyla da alınabilir ve sindirim sistemiyle absorbe olabilir. Deri yoluyla absorbsiyon, organik kurşun ve çözünebilen inorganik kurşun ile gerçekleşir.

Birçok meslek ve iş aktivitesi, yüksek kurşun maruziyeti açısından kısmi potansiyele sahiptir. Bu meslekler 3 kurşun maruziyeti sınıfına ayrılabilir:

* ***Devamlı yüksek maruziyete sahip olanlar:*** Akü üretimi ve geri dönüşüm işçileri, dökümhane işçileri, pigment işçileri, kurşunlu kimyasal işçileri, kurşunlu cam işçileri ve radyatör tamir işçileri.

* ***Orta sıklıkta yüksek maruziyete sahip olanlar veya devamlı orta derecede maruziyete sahip olanlar:*** Poligon eğitmenleri, trafikte görevli emniyet mensupları, kurşun maden işçileri, plastik işçileri, çelik kaynakçıları, gazete basım işçileri, ev yenileme işçileri ve lastik işçileri.

* ***Düşük sıklıkta yüksek maruziyete sahip olanlar:*** Otomobil tamir işçileri, yapı işçileri, poligon katılımcıları, su tesisatı işçileri, gemi tamir işçileri, kablo üretim işçileri, yıkım işçileri, alev lehim işçileri, çömlek-sır üreticileri ve vitray (dekoratif cam) üreticileri.

Hava kurşun konsantrasyonu, mesleki kurşun maruziyetinin ölçüsü olabilir. Yine de mesleki kurşun maruziyeti daha çok işçilerin kan kurşun düzeylerinin ölçülmesinden çıkarılır. Yaygın olmayan metotlar ise idrar kurşun konsantrasyonu analizi, Delta-Aminolevülinik asit (δ-ALA) ve koproporfirin düzeyi ölçümleridir. Gelecekte en geçerli olası biyolojik göstergeler de; serum, plazma ve kemik kurşun konsantrasyonlarıdır (U.S. DHHS, 2003).

1.1.6. Toksikokinetiği

1.1.6.1. Absorpsiyonu

Kurşun, vücuda 3 yolla absorplanır. Bunlar önem sırasına göre:

1.1.6.1.1. İnhalasyon Yoluyla Absorpsiyon: Kurşunun absorplanmasının en etkili yolu solunum yolu aracılığıyla absorpsiyondur. Endüstriyel ortamda kurşun, kurşun oksit halinde bulunur. Kirli şehir havasında ise halojenür, oksit, karbonat, fosfat ve sülfat bileşikleri olarak vardır. İnhalasyon yoluyla vücuda giren kurşunun; absorbe olunan bileşiğin cinsi, solunum hızı ve derinliğine bağlı olarak % 30-60 oranları arasında kan dolaşımına absorbe olduğuna inanılır (Vural, 1984; U.S. DHHS, 2003).

Akciğerlerden absorpsiyonun moleküler mekanizması bilinmese de; absorplanacak kurşunun fiziksel şeklinin solunabilir büyüklükte olması, inhalasyon yoluyla absorpsiyonda en önemli noktadır. Öyle ki kurşunlu boyaların yanması sonucu oluşan kurşun dumanı gibi 1 µm'den küçük partiküllerin bu yolla absorpsiyonu % 90'dan büyük olmaktadır (Hu ve ark., 2007). Bu şekilde alveoller aracılığıyla alıkonan partiküllerin kana karışması oldukça etkin olur. Dolayısıyla inhalasyonla kurşun maruziyeti gastrointestinal yolla kurşun maruziyetine göre daha ciddidir (Liu ve ark., 2008).

Kurşun içeren çapı 2,5 µm'den büyük partiküller, nazofarinjeal ve trakeobronşial solunum yollarının siliyate (kirpikli) bölgelerinde depolandıktan yani mukosilier giriş mekanizmasından girdikten sonra sindirim sistemine geçerek intentinal yoldan absorbe olur (Hu ve ark., 2007).

1.1.6.1.2. Gastrointestinal Yolla Absorpsiyon: Kurşunun absorplanmasının 2. etkili yolu sindirim yolu aracılığıyla absorpsiyondur. Ağızdan alma yoluyla vücuda giren kurşunun % 5 ile 15 arasında kan dolaşımına absorbe olduğuna inanılır (U.S. DHHS, 2003). Absorplanan bu oranın da % 5'inden daha azını vücutlarında alıkoyarlar. Çocuklarda ise durum farklıdır. Çocuklar gastrointestinal yolla aldıkları kurşunun % 40-50'sini absorbe ederken bu oranın da % 32'sini vücutlarında alıkoymaktadırlar (Gilbert, 2012). Bu durumun sebebi, çocuklardaki gelişmekte olan sinir sisteminin toksinlere karşı daha hassas olmasıdır (Jones., 2009).

Küçük çocukların tuttukları nesneleri ellerinden ağızlarına götürme içgüdüleri, kurşun içeren soyulmuş boyaları yemeye çalışmaları, oyun oynarken döşemeler üzerindeki toz ve toprakların ellerinden ağızlarına taşınması, buldukları mermi/saçmaları yutmaları, oyuncaklarının kurşun barındırması ve Pika sendromunun çocuklarda daha sık görülmesi; gastrointestinal yolla absorpsiyonun ana kurbanlarını çocuklar yapar (Gilbert, 2012). Son yıllarda meydana gelen üzücü bir zehirlenme vakası, Amerika'da metal ziynet eşyası yutan bir çocuğun ölmesidir (Jones, 2009). Beslenme bozukluğu olan çocukların kan kurşun düzeyleri diğerlerine göre anlamlı oranda yüksek bulunmuştur. Fe, Ca, Zn, fosfor (P) ve C vitaminince (askorbik asit) zayıf beslenme alışkanlıkları da kurşunun absorpsiyonuna yardımcı olmaktadır (Liu ve ark., 2008).

İşin trajik yanı; kan kurşun düzeyi normalden yüksek olarak değerlendirilen çoğu çocuğun asemptomatik olması yani zehirlenmenin hiçbir fiziksel belirtisini göstermemesidir (Jones, 2009).

Çevresel ve endüstriyel atıklar yüzünden toprağa geçen kurşun, o topraktan yetişen gıdalarla insanlara ulaşır. Ayrıca atmosferdeki kurşun tanecikleri de gıdalara yapışarak insanlara ulaşabilir. Besinler aracılığıyla günde 300-500 mg kurşunun vücuda girdiği düşünülür (Vural, 1984). Bunun dışında evlerde yemek servisi amacıyla kullanılan seramik yemek takımları ile çeşitli amaçlar için kullanılan kristaller de yine insanlar için ağızdan alma yoluyla maruziyet kaynaklarındandır (Gilbert, 2012). Deniz ürünleri, içme suyu, sebze-meyveler, konserveler, şarap ve tahıl ürünleri kurşun miktarı bakımından ilk sıralarda yer alan gıdalardır (Liu ve ark., 2008).

1.1.6.1.3. Deri Yoluyla Absorpsiyon: Kurşunun absorplanmasının en etkisiz yolu deri yoluyla olanıdır. Deri yoluyla vücuda giren kurşunun miktarı oldukça sınırlıdır. Bu yolla daha çok organik kurşun bileşiklerinin insanlara bulaştığı söylense de son yıllarda yapılan araştırmalar, inorganik kurşun bileşiklerinin de deri yoluyla kurşun maruziyetine yol açtığını ispatlamaktadır. TEL, deri yoluyla daha kolay geçerken; TML de yüksek uçuculuğu nedeniyle akciğerlerden daha kolay absorbe olmaktadır (ÇSGB Meslek Hastalıkları Rehberi, 2011). Deri yoluyla absorbe olan kurşun da çok az miktarda da olsa vücutta alıkonur (U.S. DHHS, 2003).

1.1.6.2. Dağılımı ve Biyotransformasyonu

Kurşun bir kere absorblandıktan sonra; insan vücudunda homojenik olarak dağılmaz (Bernard ve Becker, 1988). Kurşun vücutta 2 formda bulunur. Bu formlarda ilki difüze/mobil form, ikincisi de dağılamayan/sabit formdur. Kurşunun kırmızı kan hücreleri, plazma, böbrek ve karaciğerdeki formu mobil formdur. Bu form kurşunun biyolojik olarak aktif olan biçimidir. Kurşun diğer organlarda neredeyse tamamen sabit formda bulunur. En az kurşun kalp kasındadır (Goyer ve Mahaffey, 1972).

Rabinowitz ve ark., 1973-1977 arasında yapmış oldukları çalışmalarla kurşunun vücuttaki dağılımı için bir model önermiş ve bu modeli, 3 gruba ayırmışlardır. Bu gruplar sırasıyla:

- ***Süratli Değiş-Tokuş Havuzu:*** Bu bölme; kan, doku sıvıları ve yumuşak dokuları içerir. Burada kan ile yumuşak dokular ve doku sıvıları arasında hızlı bir kurşun değiş-tokuşu olur.

- ***Orta Dereceli Değiş-Tokuş Havuzu:*** Bu bölme; kıkırdak, böbrekler, pankreas, akciğerler, dalak, karaciğer ve beyin gibi yumuşak dokuları ve iskeletin aktif haldeki kurşun barındıran parçalarını içerir.

- ***Yavaş Değiş-Tokuş Havuzu:*** Bu bölmenin esas olarak kemik içerdiği düşünülür.

Süratli değiş-tokuş havuzunda; vücut kurşun yükünün yaklaşık olarak % 4'ü bulunur. Bu bölmeye gelen kurşun, kan kurşun düzeyinin yansımasıdır ve son günlerdeki kurşun maruziyetinin hassas bir göstergesidir. Fakat uzun dönemli kurşun maruziyeti hakkında sağlıklı sonuç vermez. Bu bölmede kurşunun yarılanma ömrü 30-36 gün arasıdır (Bernard ve Becker, 1988). Çocuklarda bu süre erişkinlere oranla daha uzundur (Hu ve ark., 2007). Buradaki kurşunun büyük bölümü kırmızı kan hücrelerine bağlanarak taşınır (Bernard ve Becker, 1988). Bu oran % 99 gibi oldukça büyük bir orandır. Geriye kalan % 1'lik kısım plazmada serbest haldedir (Hu ve ark., 2007). Plazmada serbest haldeki kurşunun yarılanma ömrü ise kırmızı kan hücrelerine bağlanan kurşundan çok daha kısadır. Bunun nedeni; plazmadaki kurşunun çok az miktarda olmasının yanında kırmızı kan hücreleri ve doku kurşunu ile hızlı bir değiş-tokuş içinde olmasıdır (Bernard ve Becker, 1988). Serbest kurşunun ilk hedefi; karaciğer, böbrekler ve beyin gibi yumuşak dokulardır. Daha sonra kemiklere ve saça taşınma eğilimindedir (Hu ve ark., 2007).

Orta dereceli değiş-tokuş havuzunda; vücut kurşun yükünün yaklaşık olarak % 2'si bulunur. Bu bölmedeki kurşunun yarılanma ömrü 30-40 gün arasında değişir (Bernard ve Becker, 1988).

Yavaş değiş-tokuş havuzundaki kurşunun yarılanma ömrü ise 27-30 yıl arasıdır (Bernard ve Becker, 1988; Hu ve ark., 2007; Needleman, 2009). Bu yüzden vücut kurşun yükünün yaklaşık olarak % 94'ünü barındırır (Bernard ve Becker, 1988). Genç ve orta yaşlarda yumuşak dokularda birikme eğiliminde olan kurşun, ilerleyen yaşlarda kemiklerde biriktiği için kemiğin, kişinin hayatı boyunca maruz kaldığı kurşunun belirlenmesi için çok yararlı bir materyal olduğu düşünülebilir (Vural, 1984, s.: 315-324).

Kiriş kemiği, kortikal kemiğe göre kurşuna daha dayanıksızdır ve dönüşüm süresi kortikal kemiğe göre daha kısadır. Kronik kurşun maruziyetinde absorbe edilen kurşunun % 70'i kemiklerde birikir. Ayrıca çocuklarda dişlerin dentin tabakasında da birikebilir kurşun, fizyolojik olarak oldukça inaktif durumdadır. Fakat besinsel eksiklikler, metabolik dengesizlikler ile kadınlarda hamilelik ve emzirme dönemlerinde, osteoporoz ve asidoz gibi bazı hastalıklarda meydana gelen kemik erimesi; kemiklerden kurşun salınmasına neden olarak kandaki kurşun düzeyinin artmasına katkı sağlarlar (Bernard ve Becker, 1988; Liu ve ark., 2008, p.: 944-947). Geniş ölçüde sirküle olan kurşun, tüm organ ve dokularda az da olsa bulunur (Hu ve ark., 2007).

Kan beyin engeli ve kan serebrospinal engel, gelişmiş organizmaların özel toksik sistemleridir. Bu sistemler; vücuda giren ksenobiyotiklerin dağılımını bloke ederek hayati önemi olan organlara verecekleri zararı minimuma indirgerler. Kan beyin engelinin geçirgenliği oldukça az olmasına karşın serbest haldeki ve lipidde çözünen toksik maddeler kan beyin engelini aşarak beyne ulaşabilirler. İnorganik kurşun tuzları bunu başaramazken; organik kurşun bileşikleri rahatlıkla bu engeli aşabilirler (Vural, 1984, s.: 28-29).

Kurşunun inorganik bileşiklerinden asetatlı ve nitratlı bileşikleri, suda çözünebilir. Sülfatlı, karbonatlı ve kromatlı bileşikleri ise suda çözünemez fakat gastrointestinal yolla vücuda alınırlarsa mide suyunda ve kanda iyi çözünür hale gelebilirler. Organik kurşun bileşikleri ise lipofilik olmaları sebebiyle toksikolojik açıdan önemli bileşiklerdir (Vural, 1984, s.: 315-324).

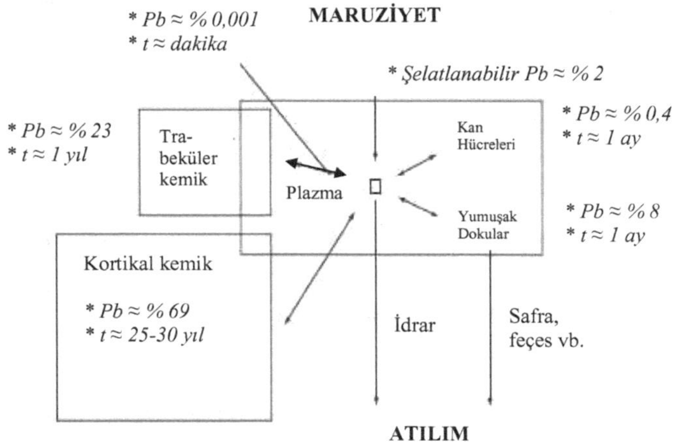

Şekil 1.4. Rabinowitz ve arkadaşlarının geliştirdiği yetişkin bireydeki kurşun biyokinetiği modeli (Skerfving ve Bergdahl, 2007'den derlenmiştir).

Kurşunun metabolizasyonunda karaciğer ve böbreklerin önemi büyüktür (Goyer ve Mahaffey, 1972). Sentez/Konjugasyon (Faz II) reaksiyonlarından olan metilasyon/demetilasyon reaksiyonları, metal bileşiklerinin toksisitesi açısından büyük önem taşır (Skerfving ve Bergdahl, 2007, Chapter 31). Bazı toksik metaller ile selenyum (Se) ve arsenik (As) gibi metalloidlerin; B_{12} vitamini gibi metil sağlayıcı endojen maddelerle etkileşime girmeleri sonucu oluşan metabolitlerin polar ve inaktif olmaları sayesinde eliminasyona hazır hale geldikleri bilinmektedir (Vural, 1984, s.: 47).

Mikroorganizmalar, inorganik kurşunu metile edebilirler. Fakat bu metilasyonun gastrointestinal sistemde de meydana gelip gelmediği hala aydınlığa kavuşmuş değildir. Çünkü dokularda metilasyon veya diğer biyotransformasyon reaksiyonlarından herhangi birinin gerçekleşip gerçekleşmediğiyle ilgili bir kanıt yoktur (UK PID, 1996; Skerfving ve Bergdahl, 2007, Chapter 31). Fakat protein veya protein olmayan ligandlarla kompleks oluştururlar (TNO, 2005). Alkil kurşun bileşikleri, karaciğerdeki sitokrom P-450 (CYP)-bağımlı monooksijenaz sisteminin katalizlediği oksidatif dealkilasyon aracılığıyla aktif olarak metabolize olur.

Literatürde bu metabolizasyonla ilgili az sayıda insan çalışması vardır (IARC, 2006). Trimetil ve trietil kurşuna yükseltgenen alkil kurşun bileşiklerinden TEL, trietil kurşuna ve inorganik kurşuna dönüşür. Trimetil ve trietil kurşun metabolitleri, TML ve TEL'den çok daha toksiktir. Trietil kurşun, kararlıdır ve çabucak beyin, karaciğer, böbrek ve kana dağılır (UK PID, 1996; Skerfving ve Bergdahl, 2007, Chapter 31). Toksik metabolitlerin oluşumu tavşan, rat ve farelerde de gözlenmiştir (IARC, 2006).

1.1.6.2.1. Dağılımında Plasentanın Rolü

Plasenta; hamilelik döneminde oluşan ileri derecede özelleşmiş bir organdır. Fetüs membranları ve amniyotik sıvıyla birlikte normal büyüme ve fetüs gelişimini destekler (Kayaaltı ve ark., 2011). Plasenta; besin absorpsiyonu, atıkların atılımı, gaz transferi ve hormon sentezi gibi görevleriyle yetişkin hayatındaki çeşitli organların fonksiyonel karakteristiğine tek başına sahiptir.

Bir terim olarak ilk kez 1559'da *R. Columbus* tarafından kullanılan plasenta; 20 cm çapında, 3 cm kalınlığında ve 500 gr ağırlığında diskoid bir organdır. Genetik olarak 2 farklı doku olan fetal ve maternal (annesel) dokudan oluşur. Kotiledon denen birçok fonksiyonel birime bölünmüştür ve sinsisyal mikrovillüs ve bazal olmak üzere 2 membrana sahiptir. Plasentadaki trofoblastlar, böbrek, bağırsak ve kan-beyin-bariyerinde de bulunan polar epiteller olarak düşünülebilir (Van der Aa ve ark., 1998).

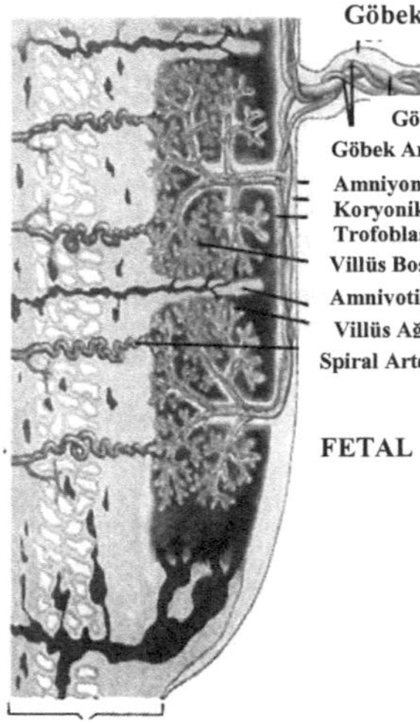

Şekil 1.5. İnsan plasentasının şematik gösterimi (Van der Aa ve ark., 1998 makalesinden derlenmiştir).

Plasentaların sınıflandırılmasında *Grosser'in* plasenta tiplerinden yararlanılır. İnsan plasentası; 3 tipten hemokorial plasenta tipine girer. Bu tipte anne kanı direkt olarak trofoblastla temas halindedir. Anneden fetüse plasenta aracılığıyla madde geçişlerinde; protein bağlayıcılık, lipofillik, hidrofillik, iyonizasyon derecesi, moleküler büyüklük ve polarite önemlidir Plasenta membranlarından kolay geçen maddeler dolaşım-sınırlı; yavaş geçen maddeler ise membran-sınırlı olarak taşınır (Van der Aa ve ark., 1998).

Plasentada; mesajcı RNA (mRNA) düzeyinde CYP monooksijenazlar, Glutatyon S-Transferaz (GST), Üridin 5'-Difosfo-Glukuronosil Transferaz (UDP-GT) gibi faz I ve faz II metabolize edici enzimler sentezlenir (Myllynen ve ark., 2005). İlaçlar, pestisitler, toksik metaller ve mesleki kimyasallar gibi ksenobiyotikler, besinler ve endojen substratlarla beraber sirkülasyon sonucu plasentaya ulaşır (Pasanen, 1999). Plasenta aracılığıyla kurşun taşınımı, fetal intoksikasyonun ana nedeni olabilir (Baranowska, 1995).

Pb, Cd ve Hg ağır metalleri, plasenta aracılığıyla anneden fetüse taşınır fakat plasentanın bariyer rolü bu 3 metal için farklıdır. Hg'nin taşınmasında mevcut bir bariyer yoktur. Plasenta; Pb için hafif, Cd içinse Pb'den çok daha iyi bir bariyerdir (Hubermont ve ark., 1978; Baranowska, 1995). Pb'nin, anneden plasenta hücrelerine pasif difüzyonla taşındığı belirtilmiştir (Gundacker ve Hengstschlager, 2012).

Kurşunun kandaki ve böbreklerdeki δ-ALAD inhibisyonu, plasentadaki δ-ALAD inhibisyonundan çok daha yüksektir. Bu durumun enzimin doku-spesifik doğasından ve plasentadaki Pb alıkoyulmasının azlığından kaynaklandığı önerilmiştir (Gupta ve ark., 1997).

1.1.6.3. Atılımı

Kurşunun vücuttan uzaklaştırılması oldukça yavaştır. Yetişkinlerde günde 500 μg kurşun vücuttan elimine olurken; çocuklarda bu miktar 30 μg'a kadar düşmektedir (Vural N, 1984, s.: 315-324).

Kurşunun süratli değiş-tokuş havuzundan atılımı; böbreklerden, renal tübüler emilim yapan glomerüler filtrasyon ve transtübüler akış aracılığıyla olur (Goyer ve Mahaffey, 1972). Glomerüler filtrasyon, plazmada serbest halde bulunan kurşundan vücudu arındırır fakat kırmızı kan hücrelerine bağlı kurşunda aynı başarıyı gösteremez. Yine de böbrekler, kurşunun vücuttan eliminasyonunda en önemli aracılardır. Vücut kurşun yükünün yaklaşık olarak % 76'sı böbrekler tarafından uzaklaştırılır (Bernard ve Becker, 1988; Vural N, 1984, s.: 315-324).

Kurşunun orta dereceli değiş-tokuş havuzundan atılımı; feçes, safra, pankreatik sıvı, ter, saç ve tırnaklar aracılığıyla yapılır. Karaciğerde biriken kurşunun büyük çoğunluğu safrayla vücuttan uzaklaştırılır (Goyer ve Mahaffey, 1972). Safrayla, vücut kurşun yükünün yaklaşık olarak % 16'sı atılır (Vural N, 1984, s.: 315-324). Sindirim sistemiyle vücuda giren kurşunun % 90'ı, absorplanmadan feçesten atılır (UK PID, 1996). Bunların dışında kurşunun vücuttan elimine edildiği diğer araçlar; anne sütü, gözyaşı, dökülen epitel hücreler, semen, menstrüasyon sıvısı, diş ve tükrüktür. İdrar, safra ve feçes dışındaki eliminasyon yolları atılımın % 8'den az bir kısmını oluşturur (5). İnhalasyon yoluyla absorbe olan organik kurşun bileşikleri (TEL, TML vb.) ise ekshalasyon yoluyla vücuttan atılırlar.

Yavaş değiş-tokuş havuzundaki yani kemikteki kurşun; normal zamanda biyolojik olarak inaktif (tersiyer fosfat) formda olmasına rağmen dağılımda bahsi geçen bazı nedenlerden dolayı kemik depolarında hareketlenerek kan dolaşımına salınmaktadır. Bu hareketlilikler, böbrekler üzerinde aşırı bir kurşun yükünün oluşmasına; dolayısıyla bir kurşun nefropatisinin gelişmesine katkı sağlamaktadır (Bernard ve Becker, 1988).

1.1.7. Toksisitesi

Kurşun; birçok organ ve doku üzerinde toksik etkilere neden olabilen bir metaldir. Kurşun maruziyeti ve organizmalar üzerindeki etkileri arasındaki ilişkiye dair bilgiler kısıtlıdır (Skerfving ve Bergdahl, 2007, Chapter 31).

1.1.7.1. Sinir Sistemi Üzerine Toksisitesi

1.1.7.1.1. Merkezi Sinir Sistemi (MSS) Üzerine Toksisitesi

İnorganik kurşun ensefalopatiye neden olabilir. Kurşun kaynaklı ensefalopatinin çocuklarda görülme sıklığı yetişkinlere oranla daha fazladır. Çok şiddetli inorganik kurşun toksisitesinin klasik belirtileri; ataksi, koma ve konvülziyonlardır. Elektroensefalogram (EEG)'da değişiklikler olabilir. Şelasyon ajanları ile uygulanan tedavinin ardından akut ensefalopatinin bazı etkileri kalıcı olurken bazılarında iyileşme görülebilir. Çok şiddetli olmayan inorganik kurşun maruziyetlerinde ise merkezi sinir sistemi daha az etkilenir. Bu maruziyetin başlıca belirtileri; irritabilite, anksiyete, saldırganlık, yorgunluk, gerginlik, depresif mod, bireylerarası problemler ve konsantrasyon zorluğudur.

İnorganik kurşun maruziyetinin daha iyi anlaşılabilmesi için yapılan dikkat, konsantrasyon, hafıza, görsel-mekansal ve görsel-motor beceriler ile öğrenme ve problem çözme yeteneklerini ölçen nöropsikolojik testlerde kan-kurşun ve tibia-kurşun düzeylerindeki artışla bu becerilerdeki azalma arasında bir ilişki olabilir. Maruziyet azaltıldığında nörodavranışsal eksikliklerin tersine çevrilebildiğine ilişkin bazı kanıtlar vardır. Ayrıca inorganik kurşun işçilerinde motor beceri fonksiyonları için bir gen-çevre etkileşiminin olduğu ve Aminolevülinik Asit Dehidrataz ($ALAD_2$) tarafından MSS üzerinde koruyucu bir etki sağlandığına dair öneriler mevcuttur. Kurşun kaynaklı primer motor nöropatisi ile bir motor nöron hastalığı olan Amyotrofik Lateral Skleroz (ALS) arasında benzerlikler vardır. Mesleki kurşun maruziyetinde ve kan-kurşun düzeyinin artmasıyla ALS riskinin artması, bunun yanında ALAD polimorfizminin bu durumla bağlantılı olma ihtimali aralarındaki ilişkiyi daha da karmaşık hale getirir.

Organik kurşun bileşiklerinden TEL, TML'ye göre çok daha toksik bir organo-kurşun bileşiğidir. TEL'ye ağır maruziyet sonucu oluşan akut zehirlenmenin öncül belirtileri; anoreksi, mide bulantısı ve kusma, insomni (uykusuzluk hastalığı), hiperaktivite, yorgunluk, depresyon, huzursuzluk, irritabilite, saldırganlık, kosantrasyon zorluğu, anti-sosyallik, başağrısı, titreme, hafızada zayıflık, konvülziyonlar ve vücut ağrısıdır. Daha sonra bu belirtileri konvülziyonlar, ateş, deliryum (delilik), koma ve ölüm takip eder. Kurşunlu benzin kullanımının yasaklanmadan önceki dönemlerde yaşanan kronik zehirlenmelerde; çocuklarda yönelim bozukluğu (disoryantasyon), titreme, ataksik yürüyüş ve aralıklı koreiform hareket bozukluğu gözlenmiştir. Fakat bu belirtilerin kurşundan mı yoksa benzindeki organik çözücülerden mi kaynaklandığı bilinmemektedir. Çünkü TEL'ye kronik maruziyet sonucu görülen nörodavranışsal belirtiler, organik çözücülere kronik maruziyette görülen belirtilere benzer.

Maruziyet sonucu EEG değişimleri olur. Tibia-kurşun düzeyi ile nöropsikolojik testler ve periferal sinir fonksiyonları arasında bir ilişki olabilir; bu durum Apolipoprotein E genotipi ile tibia-kurşun düzeyinin etkileşimi ile açıklanabilir. Perinatal ve postnatal kurşun maruziyetinin bebeklik ve ileride çocukluk döneminde MSS üzerine ciddi etkilerinin olabildiği, yapılan çok sayıda çalışmayla kanıtlanmıştır. Kurşun çocuklarda zekasal ve bilişsel performanslarda düşüklüğün nedenleri arasındadır ve performansı % 1-4 arasında etkilediği düşünülür. Sosyal ve ailesel faktörler ise bilişsel yeteneği, % 40 veya daha fazla oranda etkiler (Skerfving ve Bergdahl, 2007, Chapter 31).

Dikkat dağınıklığı, hiperaktivite ve disiplin problemi gibi davranışsal problemlerden dolayı kurşun maruziyetli çocuklara yeni şeyler öğretmek ebeveynleri için daha zor olabilir. Yapılan bir çalışmada; fiziksel olarak suiistimal edildiğinden şüphelenilen çocukların kan-kurşun düzeylerinin, kontrol grubuna oranla 27 kat fazla çıkması bu görüşü destekler niteliktedir (Tesman ve Hills, 1994).

Çizelge 1.4. Artan diş-kurşun düzeylerine göre sınıflandırılan 6 grup çocuk için zorunlu seçimli davranışsal özellikler üzerine öğretmenlerinin derecelendirmeleri (IARC, 2006'dan derlenmiştir)

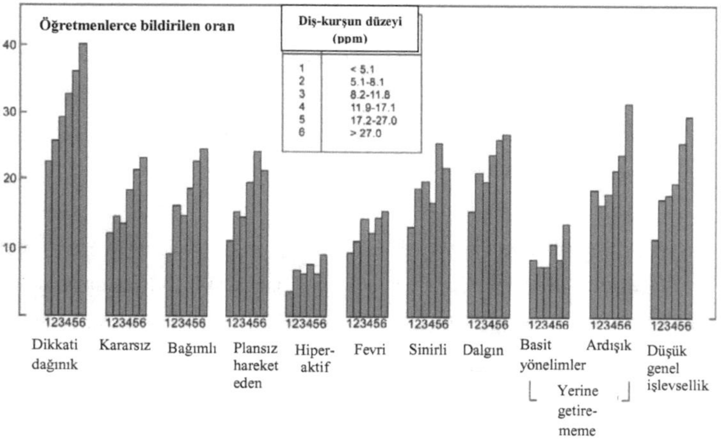

1.1.7.1.2. Periferal Sinir Sistemi (PSS) Üzerine Toksisitesi

İnorganik kurşun maruziyeti PSS'ye zarar verebilir. Şiddetli maruziyetin en önemli klinik bulgusu periferal motor nöropatisi ile felçtir (kol/ayak bileği düşmesi). Düşük maruziyetlerde; kol ve ayaklarda hissizlik/ karıncalanma, tutma ve kavrama gücü kaybı ile kas ağrıları başlıca belirtilerdir. Düşük maruziyetlerde; medyan, radyal, tibial ve sural sinirlerdeki genişliğin azalması gibi subklinik etkiler görülür. Organik kurşun maruziyetlerinde görülen nöropsikolojik testlerdeki başarının azalmasında, tibia-kurşun düzeyi ve periferal sinir fonksiyonlarının etkisi olduğu düşünülür (Skerfving ve Bergdahl, 2007, Chapter 31).

En yaygın nörolojik hastalıklardan biri olan Esansiyel Tremor (ET) ile kan-kurşun düzeyleri arasında da bir ilişki olduğu önerilerek; ET hastalarının kan-kurşun düzeylerinin, çok belirgin olmasa da hasta olmayan bireylerden yüksek olduğu gözlenmiştir (Doğu ve ark., 2007). Bir diğer çalışmada; $ALAD_2$ alleline sahip ve kan-kurşun düzeyi yüksek olan bireylerde ET görülme durumunun, $ALAD_2$ alleli taşımayan yüksek kan-kurşun düzeyine sahip bireylerden daha yüksek olduğu gözlenmiştir. Bu bilgi, $ALAD_2$ alleli ve yüksek kan-kurşun düzeyinin ET'ye yatkınlığı etkileyebileceğini önermiştir (Louis ve ark., 2005).

1.1.7.1.3. Otonom Sinir Sistemi (OSS) Üzerine Toksisitesi

Mesleki kurşun maruziyeti OSS'yi etkiler. Elektrokardiyogram (ECG) ve Kalp Atım Hızı Değişkenliği (HRV)'nde görülen azalma ile kan-kurşun düzeyi arasında bir ilişki olduğu bulunmuştur. Bu veriler kurşunun, beyin sapı düzeyinde Sempatik ve Parasempatik Sinir Sistemlerini etkilediğini gösterir. Kurşun maruziyeti ile beyin sapı işitsel uyarılmış potansiyellerde oluşan değişiklikler; PSS pleksus, beyin sapı ve serebral korteks ile ilgili olabilir. Maruziyet sonucu vücudun dik duruşunun etkilenmesi, kurşunun beyincik ve omuriliği de etkileyebildiğine dair şüphe uyandırır. Kurşun ayrıca işitsel ve görsel fonksiyonları da etkiler (Skerfving ve Bergdahl, 2007, Chapter 31).

Kurşun; kalp atım hızının ayarlanması, atardamar basıncının düzenlenmesi, organizmada su-elektrolit dengesinin sağlanması, korku veya stres anında heyecan ve gerginliğin oluşması gibi önemli metabolik olaylarda görev alan katekolaminlerin düzeyini arttırarak sinirsel iletimin hassaslaşmasına yol açabilir. Serebral korteks ve hipokampüste "cAMP yanıt element (CRE) bağlayıcı protein (CREB)" ile etkileşerek Deoksiribonükleik asitten (DNA) protein sentezi olayını bloke edebilir. Nöronların adhezyon molekülleri ve N-metil-D-aspartat (NMDA) reseptörlerinin yapısını bozar ve yoğunluğunu azaltır. Dolayısıyla dendrit ve sinaps oluşumunun azalmasına neden olarak sinirsel iletimin aksamasına sebep olabilir (Liu ve ark., 2008, p.: 944-947). δ-ALA; molekül yapısı olarak nörotransmitter γ-Aminobütirik asite (GABA) çok benzer. GABA reseptörlerini uyararak GABA reseptör bölgelerine direkt olarak zarar verir. Glutamat salınımını uyarır. Glutamat taşıyıcı-1'i (GLT-1) değiştirir ve tersinmez olarak astrositler tarafından glutamat alımını inhibe eder. Bu nedenlerden dolayı yüksek δ-ALA düzeyi beyinde toksik özelliktedir (Kelada ve ark., 2001; Sobin ve ark., 2011).

Kurşunun nörotoksisitesinin mekanizması; hem sentez yolağını inhibe etmesi sonucu sinir sistemindeki enerji metabolizmasını bozması ve nörotoksik bir madde olan δ-ALA birikimine neden olması, nörotransmitterlerin salgılanması, glutamaterjik nöronlardaki iyonoforların salınımı, Protein Kinaz C enzim aktivitesini kalsiyumdan daha fazla uyarması ve protein fosforilizasyonunu azaltması gibi kalsiyum-bağımlı-süreçlere müdahale ederek hücre içi kalsiyum döngüsünü bozması ve organel depolarının salınımını değiştirmesi gibi olaylarla açıklanabilir (Chai ve Webb, 1988; Skerfving ve Bergdahl, 2007, Chapter 31).

1.1.7.2. Kan ve Kan Oluşturan Sistemler Üzerine Toksisitesi

Ağır kurşun maruziyeti anemiye neden olabilir. Kurşun kaynaklı anemi, periferal eritrositlerin bazofilik beneklenmesi ile karakterize olur. Normal retikülosit ribozomal ribonükleik asitin (rRNA) depolimerizasyonu yerine granüller oluşur. Kurşun hem sentez yolağını inhibe ederek demir taşınımını engellediği için kemik iliğinde sideroblast oluşumuna neden olabilir. Globülinin α ve β-zincir sentezini inhibe edebilir. Kırmızı hücre membranı sodyum potasyum pompası (Na^+ K^+-ATPazı) inhibisyonu sonucu membran yapısal proteinleri etkileyerek hemolize neden olur, hücresel redoks bozulur ve eritrositlerin ömrünü kısaltır. Organizmada eritrosit yapımı artar. Sodyum pompasının inhibisyonu ayrıca çoklu organ / sistem hasarı meydana gelmesine, nöronlar arasında sinirsel iletimin aksamasına neden olur (Skerfving ve Bergdahl, 2007, Chapter 31; Liu ve ark., 2008, p.: 946).

Kan ve kan oluşturan sistemler üzerinde kan-kurşun düzeyinden çok kemik-kurşun düzeyi daha etkilidir. Kurşunun hem sentez yolağında en önemli etkisi δ-ALAD üzerinedir. δ-ALAD'ı inhibe ettiği için ortamda δ-ALA birikimine neden olarak serbest radikaller olarak da bilinen Reaktif Oksijen Türlerinin (ROS) oluşumunu indükler (Skerfving ve Bergdahl, 2007, Chapter 31). Peptid taşıyıcı-2 ($PEPT_2$) , δ-ALA gibi peptid bağlı aminoasitler üzerinde görevli koruyucu bir endojen taşıyıcıdır. Aminoasitlerin proksimal tübüler reabsorpsiyonundaki ana mekanizmayı sağlar ve bu özelliği sayesinde kurşunun beyindeki etkilerinde rol oynayabilir (Sobin ve ark., 2011).

Kurşun; eritrosit oluşumu ve fonksiyonunu etkiler. Eritrositlerin yaşam süresini kısaltır. İnsan eritrositlerinin rejenerasyonunu geciktirir. Kurşun, eritrositlerde demirle yarışır. Oksidanlar tarafından oluşan hücresel hasarın, aplastik anemi gibi bazı hastalıkların oluşumuyla ilgili olduğu önerilmiştir. Serbest radikaller, kurşun toksisitesinin olası mekanizmalarıdır. Aplastik anemili çocukların kurşuna maruz kalması ciddi sonuçlar doğurabilir (Ahamed ve ark., 2011).

1.1.7.3. Böbrekler Üzerine Toksisitesi

Ağır kurşun maruziyeti, glomerüler ve tübülointerstisyel değişikliklerle karakterize olan renal bozukluğa neden olabilir. Bu bozukluk daha sonra hipertansiyon, hiperürisemi, gut (damla) hastalığı ve kronik renal bozuklukla (Fankoni Sendromu bulguları) sonuçlanabilir. Kurşun maruziyeti, renal hastalıkların oluşumu veya ilerlemesinde rol oynar. Düşük kurşun maruziyetlerinde; kan-kurşun ve kemik-kurşun düzeylerinin artışı, yükselmiş ürat düzeyi ile özellikle α_1- mikroglobülin ve retinol bağlayan proteinler gibi düşük moleküler ağırlıklı proteinler ve N-asetil-β-D-glukozaminidaz (U-NAG) gibi lizozomal enzimlerin idrarla atılımı arasında ilişkiler vardır.

Kurşun maruziyeti çocuklarda; tübüler proteinüriye neden olabilir. Bunun yanı sıra proksimal tübülere de etki eder. Proksimal tübüler üzerine olan etki döküm işçilerinde de sıklıkla görülür. Fakat dökümcülerin kurşun dışında kadmiyuma da yüksek miktarda maruz kalmaları, bu etkinin kurşun/kadmiyum tarafından mı yoksa ikisinin sinerjik etkisinden dolayı mı olduğu açıklığa kavuşmamıştır.

Kurşunun glomerüler etkileri, tübüler etkileri kadar net değildir. Kan-kurşun ve kemik-kurşun düzeyleri ile kreatinin, kan-üre nitrojen, sitatin C, ürat ve kreatinin kleransının serum konsantrasyonları arasında bir ilişki olduğu bildirilmiştir. Düşük maruziyetlerde glomerüler hiperfiltrasyon görülmesi, renal hemodinamikleri etkileyen eikosanoid metabolizmasından kaynaklanabilir. Yaş ilerleyince etki artabilir. Yaş dışında; hipertansiyon, diyabet ve serum kreatinin düzeyleri de kurşunun etkisinin artmasında ve vücutta tutulmasında diğer olası faktörlerdir.

Kurşunun nefrotoksisitesinin arkasında yatan neden, renal mitokondriyal respirasyon fonksiyonunun inhibisyonu olabilir. Metallotiyoneinler (MTs) de bu sürece dahil olabilir. MT'ler, metal bağlayan proteinlerdir. Protein bağlama, kurşunun biyokullanılabilirliğini modüle edebilir (Skerfving ve Bergdahl, 2007, Chapter 31).

1.1.7.4. Kardiyovasküler Sistem Üzerine Toksisitesi

Kurşun maruziyeti; sistolik ve diastolik kan basıncının artmasına ve hipertansiyona neden olabilir. Hipertansiyon, glomerüler filtrasyonu azaltabilir. Bu da idrardan kurşun atılımını azaltacağı için kan-kurşun düzeyinin artmasına neden olabilir. D vitamini reseptör (VDR) polimorfizmi ve Na+ K+- ATPazın α_2 alt ünitesi geni; kurşun ve kan basıncı arasındaki ilişkiyi modifiye edebilir. ALAD polimorfizminin ise böyle bir etkiye sahip olduğuna dair bir kanıt yoktur. (Skerfving ve Bergdahl, 2007, Chapter 31).

Kurşun maruziyetine bağlı hipertansiyonla; endojenik nitrik oksit ve Siklik-Guanozin-Monofosfatın (cGMP) inaktivasyonu, renin-anjiyotensin-aldosteron sistemi değişiklikleri, sempatik aktivitede artış, kalp kası hücrelerindeki kalsiyum bağımlı kanallarda meydana gelen değişiklikler sonucu sodyum-kalsiyum değişim tamponunun uyarılması ve sodyum pompası aktivasyonunda azalma ile endotelin ve tromboksan düzeyinde artış görülebilir (Liu ve ark., 2008, p.: 946). Hipertansiyonda kurşun kaynaklı artmış vasküler reaktifliğin, kurşunun protein kinaz C aktivitesini arttırmasından ve hücresel kalsiyum metabolizmasını değiştirmesinden ileri geldiği önerilmektedir (Goyer, 1997).

Kan basıncı ile kurşun arasındaki ilişkinin altında yatan olası faktörler; kalbin eksitabilite ve kontraktibilitesi üzerine doğrudan etkiler, vasküler düz kas dokusunun uyumunun değişmesi, α- adrenerjik ajanlara karşı vasküler reaktivitenin değişmesi, eikosanoidlerin renal sentezine müdahale, renal iyon taşıma süreçleri üzerine etkiler ve maruziyetin MSS kaynaklı karşılığıdır.

Kan basıncının yükselmesi; kardiyovasküler (CHD) ve serebrovasküler hastalıklar için bir risk faktörüdür ve düşük kurşun maruziyetlerinde dahi sigara ve alkolle birleşince önemli etkilere neden olabilir. Çocukluk döneminde kurşun zehirlenmesinden tedavi geçmişi olan yetişkinlerin kardiyovasküler ve serebrovasküler hastalık riskleri tedavi geçmişi olmayanlara göre daha yüksek bulunmuştur. Dünya genelinde kardiyovasküler hastalık yükünün yaklaşık % 2'sinin kurşun kaynaklı olduğu tahmin edilir (Skerfving ve Bergdahl, 2007, Chapter 31).

1.1.7.5. Endokrin Sistem Üzerine Toksisitesi

Kurşunun; hipotalamus-hipofiz-tiroid/adrenal akslar üzerine etkisinin olduğu ve iç salgı aksaklıklarına neden olarak büyüme hormonu (GH) ve insülin benzeri büyüme faktörü-1 (IGF-1) salınımını azalttığı için bireylerde boy kısalığına neden olabildiği bilinmektedir (U.S. DHHS, 2003). Son yıllarda yapılan çalışmalarla; D vitamini ve aktif metaboliti 1,25-dihidroksikolekalsiferolün (1,25-$(OH)_3D_3$) kemik ve kalsiyum metabolizması yanında immün yanıt oluşumu, metastaz, anjiyojenez ve apoptozis (programlı hücre ölümü (Tops ve ark., 2009)). gibi olaylarla ilişkili olduğu bildirilmiştir (Ekmekçi ve ark., 2008). Kan-kurşun ile serum-prolaktin ve serum-1,25-$(OH)_3D_3$ düzeyleri arasında bir ilişki olduğu bildirilmiştir. Bu ilişki, muhtemelen böbrek tübülerindeki hidroksilasyon eksikliğinden kaynaklanır (Skerfving ve Bergdahl, 2007, Chapter 31).

1.1.7.6. Sindirim Sistemi Üzerine Toksisitesi

Kurşun tükrükle atılır. Bu gerçek, ağızdaki *"Burton Çizgisini"* (dişeti kurşun çizgisi) açıklayabilir. Bu çizgi kurşun işçilerinde görülür. Ağızdaki bakterilerce üretilen sülfür ile birleşen kurşun, grimsi bir çizgi oluşmasına neden olur. Bu yüzden kötü oral hijyen ve bakteriyel paradentoza sahip işçilerde yaygındır.

Sindirim sistemi belirtileri-kurşun kolik; kurşun zehirlenmelerinde çoğu zaman tek klinik bulgulardır ve zehirlenme teşhisinin konulmasını sağlarlar. Zehirlenmenin başında oluşan bu belirtiler; kabızlık, hazımsızlık, iştah kaybı veya genellikle yalnız ishaldir. Aralıklı abdominal ağrılar (hipogastriyum ve epigastriyumda), bazen idrar torbası, skrotum (erbezleri torbası) ve böbreklere yansır. Kusma, burulma ve idrarın az miktarda gelmesi yaygındır. Klinik tablo bağırsak tıkanması veya apandisit ile karıştırılabilir. Sindirim sistemi belirtilerinin nedeninin kurşunun, düz kas hücrelerindeki kalsiyumla etkileşime girmesi olduğu tahmin edilir. Damardan kalsiyum verilmesi, abdominal ağrıları hafifleterek hastaya geçici bir rahatlama verebilir (Skerfving ve Bergdahl, 2007, Chapter 31).

1.1.7.7. Kemik ve Dişler Üzerine Toksisitesi

Kurşunun kemikte yarılanma ömrü oldukça uzun olduğu için ilerleyen yaşlarda vücuttaki kurşun kemiklere toplanır. Kurşun; kalsiyum metabolizmasında etkili olan paratiroid hormonu, kalsitonin, osteokalsin hormonları ve 1,25-$(OH)_3D_3$ salınımını etkiler. Kemikte kalsiyumun yerini alan kurşun, kemiklerde osteoblastlar, osteoklastlar ve kondrositleri etkiler. Bu yüzden osteoporoz ve geç çatlak onarımı ile ilişkilendirilebilir. Çocuklarda kurşun maruziyeti sonucu yüksek kemik mineral yoğunluğu (BMD) gözlenmiştir. Paratiroid hormonu bağlantılı peptid inhibisyonu sırasında meydana gelen hızlandırılmış kemik olgunlaşmasından dolayı oluşma olasılığı olan bu durum, gençlikte düşük BMD ile sonuçlanabilir ve ilerleyen yaşlarda ortaya çıkabilecek osteoporozun yerini hazırlayabilir.

Çocuklarda diş hassasiyeti ile kurşun maruziyeti arasında bir ilişki olduğu bilinmektedir. Kurşun, dişlerde depolanarak mine ve dentin tabakalarının oluşumunu engeller ve diş köklerindeki hücre metabolizmasını etkiler (Liu ve ark., 2008, p.: 946).

Kurşunun, osteoporozun ilerlemesine katkı sağlayabildiği ve osteoporozla arasındaki ilişkinin mantıklı olduğunu düşündüren 3 olası mekanizma vardır. Bunlar; tepe kemik kütlesi, yaşlılarda kemik resorpsiyon oranı ve kemiğin bütünsel yapısındaki değişikliklerdir (Goyer ve ark., 1994).

1.1.7.8. İmmün Sistem Üzerine Toksisitesi

Kurşuna maruziyet sonucu; T yardımcı hücreleri (Th_1/Th_2) arasındaki denge değişebilir. Bunun sonucunda immünoglobülin E (IgE) düzeyinde artış meydana gelir. Gelişmekte olan immün sistemler, kurşun maruziyetine karşı çok daha duyarlıdır. Kurşuna maruz bırakılmış yeni doğan kemiricilerde, yüksek miktarda IgE ve alevlendirici sitokinler, saptanmıştır. Çocuklarda; kan-kurşun düzeyi ve IgE miktarı arasında bir ilişki vardır. Bu nedenle kurşun, çocukluk astımı için bir risk teşkil edebilir (Liu ve ark., 2008, p.: 946).

Deney hayvanlarında yapılan çalışmalarla kurşunun; makrofajlar ve T hücrelerini (özellikle CD_4^+ T) hedef aldığı ortaya konmuştur. Mesleki maruziyetlerde; kurşunun T hücreleri arasındaki dengeyi değiştirdiği, immünoglobülin miktarını azalttığı ve parçalı çekirdekli lökositlerin kemotaktik aktivitesinde azalmaya neden olduğu için vücudu enfeksiyonlara karşı daha duyarlı hale getirebildiği bilinmektedir (Skerfving ve Bergdahl, 2007, Chapter 31; Liu ve ark., 2008, p.: 946).

1.1.7.9. Üreme (Reprodüktif) Sistemi Üzerine Toksisitesi

Kurşun, taşıyıcılar aracılığıyla ovaryuma (yumurtalık) dağıtılır. Kurşunun, dişilerin matürasyonu (cinsel olgunluk) üzerine etkisi vardır. Kurşun endüstrisinde çalışan kadınların, çalışmayanlara oranla hamile kalmak için daha çok uğraştığı bilinmektedir.

Hamilelik sırasında kan-kurşun düzeyi değişir. İlk olarak kanın seyreltimi (hemodilüsyon) nedeniyle kan-kurşun düzeyi azalır. Daha sonra pasif durumda depolandığı iskeletten aktif durumda bulunacağı kana hareket eder ve kan-kurşun düzeyinde artma meydana gelir. Yüksek maruziyette düşük miktardaki kalsiyum takviyesi bile kan ve kemik-kurşun düzeylerinde artışa neden olur.

Kurşun, plasentada depolanır. Kadın kurşun işçilerinin plasentalarında, kurşuna maruz kalmayanlara oranla daha çok kurşun bulunur. Amniyotik sıvıdaki kurşun düzeyi düşüktür. İskeletten kana hareket eden kurşunun çoğu sindirim sistemi tarafından absorbe olur ve plasenta aracılığıyla fetüse geçer (Skerfving ve Bergdahl, 2007, Chapter 31). Bebeklerde biriken kurşunun 2/3'ü annenin plasentasından gelmektedir. Fetüse geçen bu kurşun, doğum sonrasına kadar fetüste kalır (Liu ve ark., 2008, p.: 945-947).

Anne kanı ve kordon kanı-kurşun düzeyleri arasında yakın bir ilişki vardır. Kordon kanı-kurşunu, anne kanı-kurşununun yaklaşık % 85'ini taşımaktadır.

Kurşun hayvanlarda embriyotoksik ve fetotoksiktir. İnsanlarda ise sıklıkla düşüklerle ilişkilendirilir. Kurşunun düşüklerle olan ilişkisinin olası mekanizmaları; yumurta hücresi/testislerde kromozom hasarına neden olması, fetüs üzerinde doğrudan teratojenik bir etkiye sahip olması olabilir. Ayrıca plasenta üzerindeki vasküler etkiler, kan basıncının artmasına neden olacağı için anne ve fetüs için risk oluşturur. Düşük doğum ağırlığı, plasenta dekolmanı ve perinatal ölüm, kurşunun oluşturabileceği risklerden bazılarıdır. Nöral tüp defekti riskini arttırsa da kurşunun, insanda teratojenik (fetüste malformasyon oluşturucu) etkiye sahip olup olmadığı kesin değildir.

Kurşunun fetüs üzerindeki olası etkileri; ölü doğum, hem sentez yolağına müdahale, gebelik süresinin kısalması, düşük doğum ağırlığı ve baş çevresinin küçülmesidir. Fetüsün gelişiminin yavaşlaması; ileri yaşlardaki kardiyovasküler, nörolojik ve metabolik bozuklukların nedeni olabilir.

Emzirme (laktasyon) döneminde de kemikten kana kurşun hareketi olur. Anne sütündeki kurşunun yarısının kaynağı beslenme, diğer yarısının kaynağı ise iskelettir. Kalsiyum takviyesi ile iskeletten kana kurşun mobilizasyonu azaltılabilir. Bebek, anne sütünden gelen kurşunun çoğunu absorblar.

Erkeklerde kurşun testislere dağıtılır; prostat ve sperma kesesi gibi erkek üreme sisteminin diğer parçalarında birikerek seminal sıvıya geçebilir. Erkek kurşun işçilerinde seminal sıvıdaki kurşun düzeyi, kan-kurşun düzeyinin 1/10'u kadardır. Spermatozoadaki kurşun düzeyi ise kandaki düzeye yakındır. Kurşun; işçilerde hipotalamik-hipofiz-testis aksisine etkir, sperm sayısı, kalitesi, hareketliliği ve morfolojisini etkileyebilir, libidonun azalmasına, erektil bozukluklara, ejakülasyon problemlerine, doğurganlığın azalmasına neden olabilir. Kurşun işçilerinin eşlerinin düşük yapma riskinin olduğunu gösteren kanıtlar vardır. Kurşun işçisi erkeklerin bebeklerinde erken ve düşük ağırlıklı doğum bildirilse de bu durumun anneyi de hesaba katarak değerlendirilmesi gerekir. Bebeklerde malformasyon veya kansere rastlanmaz (Skerfving ve Bergdahl, 2007, Chapter 31).

1.1.7.10. Karsinojenik Toksisitesi

Yapılan hayvan deneyleriyle kurşunun tümörijenik ve gametotoksik olduğu kanıtlanmıştır. Asetat ve subasetat gibi çözünebilir kurşun tuzları beyin ve böbrek tümörlerine neden olabilir. Kurşun fosfat ise kemirgenlerde nefrokarsinojeniktir, böbrek tümörü oluşumunu sağlar. Kanser gelişiminde kurşun asetat ve kurşun oksitin sinerjik etkileri vardır. Bu etkiler kurşun bileşikleri ile benzo(a)piren ve nitrözaminler gibi bazı organik karsinojenler arasında da görülür (Skerfving ve Bergdahl, 2007, Chapter 31).

Kurşunun karsinojenesite ve genotoksisite özelliklerini aydınlatabilmek adına önerilen mekanizmalar; mitojenezis, nefropati, klastojenisite, DNA sentezi ve DNA hasarının onarımına müdahale, oksidatif hasar, DNA bağlayıcı proteinlerle ve tümör baskılayıcı proteinlerle etkileşim ve dolaylı mekanizmalardır (U.S. DHHS, 2003).

Çeşitli endüstri dallarında çalışan işçiler üzerinde yapılan deneylerde kurşunun; arsenik, kadmiyum gibi karsinojenik etkileri kanıtlanmış ağır metallerle birlikte beyin, mide, mesane ve akciğer kanserine bağlı ölümlere neden olduğu kanıtlanmıştır (Skerfving ve Bergdahl, 2007, Chapter 31). Kurşunun karsinojenik etkilerinin nedenleri ve kurşun bileşiklerinin direkt olarak genotoksik olup olmadığı bilinmemektedir. Fakat genetik hasara neden olabilirler (U.S. DHHS, 2003). IARC, yapılan etkin hayvan ve sınırlı insan çalışmaları sonucunda inorganik kurşunu "insanlar için olası karsinojen (grup 2A)" sınıfına almıştır (Liu ve ark., 2008, p.: 946; (Van Bemmel ve ark., 2011a).

1.1.7.11. Mutajenik Toksisitesi

Kurşunun periferal lenfositlerde; kromozomlarda aberasyonlar (anormallikler), mikro çekirdekler ve kardeş kromatid değiş-tokuşları (SCEs) gibi klastojenik etkilere sahip olduğu gözlenmiştir. Bu değişimlerden özellikle yapısal kromozomlardaki aberasyonlar, uzun süreli maruziyet söz konusuysa ileride kanser riskini arttırabilir. Kurşun hücre çekirdeklerinde birikir. Fakat kurşunun doğrudan genotoksik olduğuna veya DNA hasarına neden olduğuna dair kanıtlar kısıtlıdır. Kurşun kromat bileşiği bu konuda istisnadır. Oradaki etki muhtemelen hekzavalen kromdan gelir. Alkil kurşun bileşiklerinin mutajenik etkiye sahip olup olmadıkları konusunda herhangi bir bilgi mevcut değildir.

Kurşunun genotoksisitesi, genotoksik olmayan/epigenetik mekanizmalarlar açıklanabilir. Bu mekanizmaların DNA'yı etkilediği ve kurşunun, genotoksik ajanlara hassasiyeti arttırdığı düşünülebilir. Kurşun, glutatyona bağlanarak DNA tamirini engelleyebilir; histonlara bağlanarak onların DNA'yı korumalarını azaltabilir.

Kobalt, kadmiyum ve kurşun elementlerinin 3'üne birden maruz kalan işçilerde bu 3 element "DNA tek dizi kırılmalarını" indükler. Kurşunun δ-ALAD üzerine inhibisyonu sonucu ortamda biriken δ-ALA, ROS oluşumunu indüklediğinden oluşan bu ROS'lar DNA'ya zarar verebilir. Kurşun birçok proteinde çinkonun yerini alarak bu proteinlerin genomik DNA'daki tanımlı elementlere bağlanmasını azaltabilir. Buradan değişmiş gen ekspresyonuna, kurşunun epigenetik olarak dahil olduğu sonucu çıkarılabilir (Skerfving ve Bergdahl, 2007, Chapter 31).

1.1.7.12. Hücre İçi Toksisitesi - Kurşun Bağlayıcı Proteinler (LBPs)

Kurşun, hücresel sistemler üzerine bariz etkileri olan geniş spektrumlu bir toksik maddedir. Kurşun maruziyeti hücre içinde karyomegali, poliploidlik ve anormal mitozlara neden olabilir. Böbreklerdeki mitokondriyal birikimden dolayı oluşan şişme, kurşunun nefrotoksisitesinin erken belirtileridir. Maruziyet sonucu mitokondrilerde aminoasidüri görülür. Mitokondri üzerine toksisitesi nedeniyle hücre ölümü gerçekleşebilir. Ratlarda yapılan bir çalışmada kurşunun; endoplazmik retikulum üzerine toksisitesi sonucu, mikrozomal enzimlerin % 50 oranında inhibe olduğu ve % 40 oranında protein ekspresyonunu azalttığı bulunmuştur (Fowler, 1978).

Kurşunun biyokimyasal mekanizması hakkında çok az bilgi vardır. Kurşun; proteinlerin belirli bölgelerine bağlanarak enzimler, sinyal sistemleri ve membranlarla etkileşime geçer. Kurşunun proteinlere karşı yüksek afinitesi vardır (Bergdahl, 1998). Çünkü diğer metaller gibi o da yumuşak ve sert dokulara ancak çözünebilir ortamlarla taşınabilir (Fowler, 1978). Bu proteinlerden δ-ALAD gibi iyi tanınanlarının yanısıra henüz tanımlanmayanları da vardır. Kurşun bağlayan proteinleri tanımak; kurşun toksisitesinin daha iyi anlaşılabilmesi, maruziyetin göstergelerinin bulunabilmesi, metale hassas bölgelerin belirlenebilmesi ve zehirlenme için antidot adayları bulunabilmesinde yararlı olabilir (Bergdahl, 1998).

Bu proteinler; organizmada normal zamanda mevcut değildir veya çok düşük miktarlardadır. İlginç bir şekilde kurşun maruziyetinden sonra ortaya çıkarak kurşun toksisitesine karşı koruma öneren bu proteinler, düşük moleküler kütlelidir. Kurşun bağlayan proteinlerin tarihi 1936'ya dayanır. O tarihte *Blackman,* kurşun zehirlenmesi belirtileri olarak karaciğer ve böbrekte "çekirdek içi inklüzyon cisimcikleri"nin varlığını tanımlamış; *Goyer* çalışmalarında bu cisimciklerin, renal proksimal tübüllerin düz kısımlarında bulunduğunu keşfetmiştir. İnklüzyon cisimcikleri, böbrekler dışında karaciğerde, akciğerde küçük hava yolu epitelyal hücrelerde ve MSS glial hücrelerinde de gözlenmiştir (Gonick, 2011). LBP'ler, renal gen ekspresyonundaki değişimlerin düzenlenmesi ve çekirdek içi inklüzyon cisimciklerinin oluşumunda görevli olabilir.

LBP'lerin; doku düzeylerinin farklılığının ve bireysel farklılıklarının, kurşunun biyo-kullanılabilirliğinde önemli bir rol oynadığı ve bu yüzden özellikle düşük maruziyetlerde kurşun toksisitesine yatkınlığın belirlenmesinde etkili olduğu önerilmektedir (Fowler, 1978).

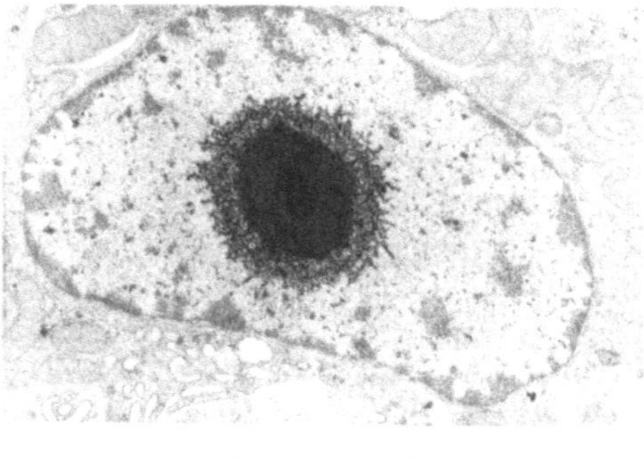

Şekil 1.6. Renal tübüler hücrede çekirdek içi inklüzyon cisimcikleri (Goyer ve Mahaffey, 1972).

Böbrekte bulunan küçük bir kurşun bağlayan protein Açil-CoA-bağlayıcı protein (ACBP)/Diazepam-bağlayıcı inhibitördür (Bergdahl, 1998; Gonick, 2011).

Kurşunun başlarda kandaki eritrositlerde hemoglobine bağlanarak taşındığı düşünülse de son çalışmalar, kurşunun % 80'inin kanda δ-ALAD'a bağlanarak taşındığını gösterdi. Eritrositlerde δ-ALAD miktarı oldukça fazla olmasına karşın, hücrelerde aynı durum söz konusu değildir. Dolayısıyla hücrelerde δ-ALAD dışında kurşunu bağlayabilen proteinlerin olması gerekir (Skerfving ve Bergdahl, 2007, Chapter 31). Bu enzime zıt olarak ondan çok daha düşük molekül kütleli bir protein olan ACBP'nin, kurşuna karşı koruyucu bir etkisi olduğu görülmüştür. Bu protein, kurşunun bir kısmını δ-ALAD'dan ayırarak enzimin tekrar aktive olmasını sağlar. Böbrekte, beyinde ve eritrositlerde bulunan ACBP, bu bölgeleri kurşun toksisitesine karşı korurken; karaciğerde bulunmadığından bu organın kurşun toksisitesine karşı daha büyük bir hassasiyet göstermesine neden olur (Gonick, 2011).

ACBP dışında Timosin β_4, Pirimidin-5'-Nükleotidaz (Py-5'-N) ve Astroglial-Glukoz Düzenleyici Protein (GRP78) de kurşun bağlayıcı proteinlerdir (Fowler, 1978; Skerfving ve Bergdahl, 2007, Chapter 31). GRP78'in; yüksek hücre içi kurşun birikimiyle baş eden tolerans mekanizmasının bir bileşeni olduğu önerilir.

Bağırsaklarda kurşun, kurşun-bağlayıcı proteinleri uyarmaz. Kurşun, kalsiyum-bağlayıcı proteinlerde kalsiyumdan daha fazla afinite gösterdiği kalsiyum-bağlayıcı proteinler olan kalmodulin, troponin C ve onkomodulinin bağırsaklarda kurşun taşınmasında rol oynayabilir.

Son zamanlarda MT'lerin, kurşun indüklü inklüzyon cisimcikleri oluşumunda rol oynadığı düşünülmektedir. α-Sinüklein adlı hücumsal bir proteinin düzeyinin, kurşun maruziyetinden sonra hızla arttığı ve cisimcikler oluşunca azaldığı gösterilmiştir. α-Sinüklein ile MT'ler arasında direkt bir etkileşim vardır (Gonick, 2011).

Kurşun bağlayıcı proteinlerin kurşuna bağlanması yüksek oranda stabildir ve sistosolik kompartmanda önemli bir kurşun havuzu sunarlar. Bu havuz kurşunun toksisitesini ayarlar. Bu proteinlerin doku düzeylerindeki farklılığının, kurşun biyo-kullanılabilirliğinde ve kurşun toksisitesine hassasiyetin belirlenmesinde önemli rol oynadığı önerilir. Hedef dokulardaki çözünebilir kurşun bağlayıcı proteinlerin, özellikle düşük maruziyetlerde hassasiyetin belirlenmesinde bireysel farklılıkların aracılığını yaptığı düşünülür (Fowler, 1978).

1.1.7.13. Oküler Toksisitesi

Gözlerde, kısa dönem kurşun maruziyetleriyle oluşan kurşun cisimciklerinin toksik etkilere neden olması olası değildir fakat mekanik hasara neden olurlar. İnorganik kurşun bileşikleri, gözde kızarıklık, iltihap, aşınma ve bulanıklığa neden olurken; organik kurşun bileşikleri ise, göz seyirmesi, kan toplanması ve korneal epitelyumda değişimlere neden olmaktadır (UK PID, 1996).

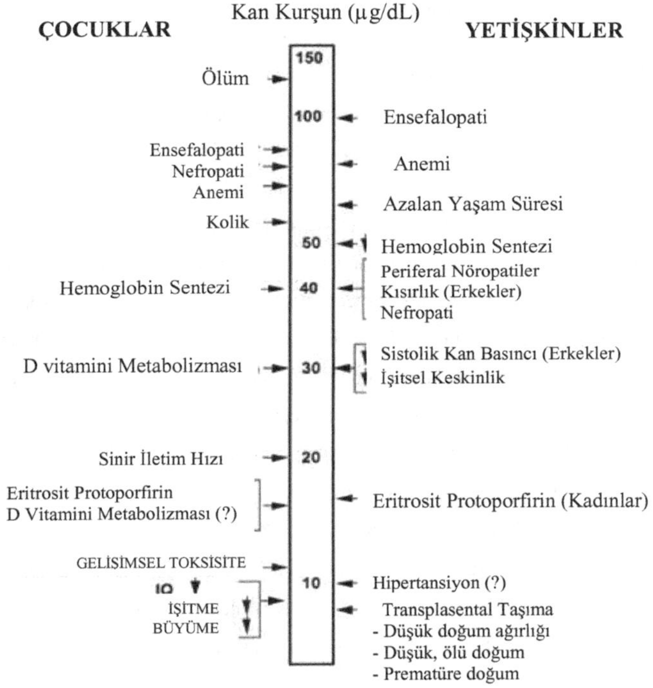

Şekil 1.7. Kurşunun çocuklar ve yetişkinler üzerine toksisitesinin karşılaştırılması (Gilbert, 2012, p.: 104'den derlenmiştir).

1.1.8. Zehirlenmede Tanı, Tedavi ve Tedavi Sonrası Dönem

1.1.8.1. Kurşun Zehirlenmesinin Tarihçesi

Kurşun toksisitesinin yazılı ilk belgeleri Mısır papirüslerinde bulunur. Bu belgelere göre kurşun sıklıkla intihar amaçlı kullanılıyordu. *Hipokrat,* M.Ö. 370'de kurşun koliği tanımlayan muhtemelen ilk kişiydi. Kolofanlı hekim *Nicander* ise kol/ayak bileği düşmesini M.Ö. 2. yüzyılda tanımlasa da her 2 hekim de kurşun zehirlenmesinin etiyolojisini anlayamamıştı. Roma İmparatoru Augustus döneminde yaşayan *Vitruvius* kurşunun tehlikelerinin Romalılar tarafından bilindiğini, bu yüzden kurşunun kullanıldığı yerlerde tera kotanın (pişmiş toprak) tercih edildiğini belirtmiştir. *Columella* da, tera kota borularının insan sağlığı için daha iyi olduğunu yazmıştır (3). M. Ö. 1. yüzyılda Roma İmparatoru Nero zamanında yaşamış olan Yunan hekim *Dioscorides;* yazdığı İlaç Bilimi *(De Materia Medica)* adlı kitabında kurşun maruziyeti ile toksik belirtileri arasındaki ilişkiyi görmüş ve kurşunun, aklın çökmesine sebep olduğunu belirtmiştir (Hernberg, 2000; Gilbert, 2012, p.: 95-107). *Pliny* de gemi yapımında çalışan işçilerde kurşun zehirlenmesinin yaygın olduğunu belirtmiştir (Hernberg, 2000). Roma döneminin *Cato, Plinius, Palladius, Nriagu, Soranus, Celsus* ve *Galen* gibi diğer bilginleri de kurşunun tehlikelerinden haberdardılar.

Amerikalı toplumbilimci *Gilfillan;* Roma kültüründe oldukça yer etmiş kurşunun, Roma kültürünün yozlaşmasına neden olduğu ve Roma dehasını mahvettiği tezini öne sürmüştür. *Needleman* da kurşunun, Roma İmparatorluğu'nun çöküşüne katkı sağladığını iddia etmiştir (3). Onların bu tezine destek olacak bir bilgi; yapılan arkeolojik kazılarda Roma dönemi aristokratlarının kemik-kurşun düzeylerinin halktan daha yüksek bulunmasıdır.

Roma döneminde şaraplara tatlandırıcı olarak konulan kurşun asetat halk arasında ciddi zehirlenmelere yol açıyordu. Zehirlenmeler öyle bir boyuttaydı ki Alman ülkelerinde 1498-1577 yılları arasında şaraba kurşun asetat karıştırmaktan yakalanan kişiler için idam cezası verilmişti. Avrupa ve Amerika'da salgın haline gelmesine rağmen Ortaçağ'da kurşun zehirlenmesi literatürde pek yer almamıştı. Zehirlenmeyi tekrar gündeme getirense 16. yüzyılda *Paracelsus* oldu. O, kurşun zehirlenmesine "madenci hastalığı" demişti. 18. yüzyılda *Ramazzini;* halsiz, cılız, yüzü kurşun rengi ve ölü gibi görünmeyen bir çömlekçiye çok nadir rastladığını yazdı. *Baker,* 1767'de Devonshire koliği denen hastalığın elma şırasından kaynaklandığını gözlemledi. Elma şırası yapımında elmaları parçalamak için kullanılan ağırlıklar kurşundu.

1831'de *Laennec* ve 1832'de *Thackrah*'ın zehirlenmede bazı tanımlar yapmasının ardından 1839'da *Tanquerel,* kurşun zehirlenmesinin ilk modern klinik tanımını yaptı. *Behrend, Garrod, Vigliani* ve *Angeleri,* tanı ve tedavide öne çıkan isimlerdi. 1951'de *Sheets ve ark.,* kurşunun eritrositlerin ömrünü kısalttığını bildirdiler. *Haeger-Aronsen,* 1960'da kurşun işçilerinde idrarla δ-ALA atılımıyla ilgili makale yayınladılar. *Bonsifrore ve ark.,* 1965'te kurşunun δ-ALAD'ı inhibe ettiğini gösterdiler. O dönemde Avustralya, kurşun zehirlenmesinin tanı ve tedavisinde öncü ülke konumundaydı. Avustralyalı bilim insanları, kurşunun böbrekler üzerinde "Fanconi Sendromuna" benzer bir etkiye sahip olduğunu gösterdiler.

20. yüzyıl başlarında kadınlar, kurşunun düşük yapmaya neden olabildiğini biliyorlardı. Bu yüzden kürtaj için kurşunlu bileşiklerin kullanıldığı oluyordu. Kurşun işçisi kadınlarda kısır olma, ölü doğum yapma veya canlı doğan bebeklerin sonrasında ölme olasılığı normalden daha fazlaydı. Kurşun, erkek kurşun işçilerinin de üreme sistemini etkiliyordu (Hernberg, 2000).

Bu bilgilerin ışığında 20. yüzyılda Avrupa ve Amerika'da kurşunun canlılar üzerindeki toksik etkilerini engelleme hareketleri başlatıldı. Kurşunun benzine katılımına karşı en baştan beri savaşan isimlerden 2'si *Legge* ve *Dr. Hamilton*'dı. Hamilton, benzindeki kurşunun solunmasından kaynaklanan muhtemel tehlikelere ilişkin bir makale yayınlarken *Dr. Turner* ve *Dr. Gibson,* çocuklarda kurşun zehirlenmesini ilk tanımlayanlardı. Nörolojist *Byers* ise 1943'te kurşun zehirlenmesi tedavisi sonrası iyileştiği düşünülen çocuklara nörolojik testler uygulamış ve bu çocuklarda kalıcı hasarların oluştuğunu göstermiştir. 1979'da kurşunun, çocukların zekasal gelişimine etkileri konusunda *Needleman* ve bazı bilim insanları tarafından çağı etkileyen belgeler yazılmıştır (Hernberg, 2000; Needleman, 2009).

Çizelge 1.5. Kurşun zehirlenmesi için tarihte kullanılan bazı yerel ve özel isimler (Lesser, 1988 makalesinden derlenmiştir).

İsim	*Dönem*	*Yer*	*Kurşunun Kaynağı*
Kolik Pitonus	Ortaçağ	Avrupa	Şarap ve yiyeceklerdeki sapa
Poitou Koliği	Ortaçağ	Fransa	Katkılı şarap
Derbyshire Belain	Ortaçağ	İngiltere	Elma şarabı
Kuru Sancı	Koloniyal	Amerika	Damıtılmış içki
Entrabado	Ortaçağ	İspanya	Güçlendirilmiş şarap
Huttenkatze	Ortaçağ	Almanya	Katkılı şarap
Londra Gutu	1703 sonrası	İngiltere	Kanyak katkılı şarap
Madenci koliği	Antik'ten moderne	Tüm dünya	Mineral filizleri
İçki Kaçakçısı Koliği	Yakın tarih	G. Amerika	İllegal viski
Boyacı Solgunluğu	Yakın tarih	Tüm dünya	Boyalar
Çömlekçi Hastalığı	Endüstriyel	Tüm dünya	Kil ve sır
Satürnizm	Antik	Greko-Roman	Şarap ve yiyeceklerdeki sapa

1.1.8.2. Tanı (Diagnoz)

Kurşun zehirlenmesi teşhisi, maruziyet geçmişi ve toksisite belirtilerine bağlıdır. Teşhisin laboratuvar testleri ile desteklenmesi gerekir. Klinik tablo; yaşa, maruziyet süresine ve maruziyet miktarına bağlıdır. Yeni doğanlarda; konfüzyon ve krizler eşliğinde görülen ensefalopati, en yaygın belirtidir. Kurşun zehirlenmesi, beyin tümörü ve bulaşıcı ensefalopatinin farklı bir tanısıdır.

Yetişkinlerde; kısa süreli yüksek miktarda maruziyet, akut toksisiteye neden olur. Bunun belirtileri en çok sindirim sisteminde; kabızlık ya da ishal, üst karın ağrısı, bulantı, hazımsızlık, iştahsızlık ve sancı olarak görülür. Eklem ağrısı ve kas ağrısı da yaygındır. Bu belirtiler, bağırsak tıkanması ile karıştırılabilir.

Uzun süreli düşük miktarda maruziyet durumunda sindirim sisteminde görülen belirtilerin yanında başka belirti ve işaretler de görülür. Sıklıkla oluşan anemi (normositer, hipokrom, sideroblastik anemi ile talasemide de görülebilen bazofilik noktalanma), yetişkinlerde genellikle hafif şekilde olsa da (yine de teşhisin anahtarıdır) çocuklarda ciddi seyredebilmektedir. Ayrıca motorsal (kol ve bacaklarda güçsüzlük ile kol/ayak bileği düşmesi) ve duyumsal (kol ve bacaklarda hissizlik, kas ağrısı ve parmaklar / parmak uçlarında azalan titreşim eşikleri) fenomenler ile birlikte seyreden periferik nöropati görüldüğü gibi, bazı hastalarda gut (damla) hastalığı da meydana gelebilir. Hastada bakteriyel iltihap ile beraber paradentoz varsa kurşun maruziyeti ile birlikte dişetinde "Burton çizgisi" de oluşabilir (Skerfving ve Bergdahl, 2007, Chapter 31).

Çizelge 1.6. Kurşun zehirlenmesinin teşhisinde özet tablo (http://www.lef.org'dan derlenmiştir).

Akut Zehirlenme	***Kronik Zehirlenme (Plumbizm)***
Abdominal ağrı	Doğum defektleri
Hipertansiyon	Mental tutulma
Konvülziyonlar	Konsantrasyon kaybı
Anemi	Alerjiler
Renal bozukluklar	Psikoz (Çıldırı)
İştahsızlık	Disleksi (Yazı körlüğü)
Hemoliz	Hiperaktivite
Halüsinasyonlar	Kilo kaybı
Baş ağrısı	Titreyen eller
Hissizlik	Kassal zayıflık
Artrit (Eklem iltihabı)	Paraliz (Felç)
Baş dönmesi (Vertigo)	Mide bulantısı
Uykusuzluk	Çalkantılı ve dengesiz ruh hali
Bitkinlik	Hissizlik

1.1.8.3. Tedavi

Bir kurşun zehirlenme vakasında hastanın maruziyet öyküsü ve vücudundaki klinik işaretlerle; hastanın akut kurşun zehirlenmesi veya kronik kurşun zehirlenmesi geçirdiği konusunda fikir sahibi olunabilir. Fakat bu fikrin bazı laboratuvar testleri ile de desteklenmesi gerekir ki hasta tedaviye alınabilsin. Hasta üzerinde yapılması gereken testler; kan-kurşun düzeyi ölçümü, kan sayımı, kan elektrolit düzeyi ve δ-ALAD aktivitesinin takibi, eritrosit protoporfirin (EP) ve idrar koproporfirin ölçümü, böbrek fonksiyon testleri (İdrarda δ-ALA ölçümü ve Fanconi triadı), kemikler ve dişlerde-kurşun düzeyi ölçümü, karaciğer fonksiyon testleri ve radyolojik görüntülemedir.

Laboratuvar testleriyle de desteklenen teşhisten sonra zehirlenmenin çeşidi ve derecesine göre vakit kaybetmeden tedaviye başlanılması gerekir. Tedavide ağır metallerin kompleks oluşturmaya olan afinitesinden yararlanılarak inorganik kurşunda şelasyon (kelasyon) ajanları kullanılır.

İnorganik kurşun zehirlenmesinde tedavi amaçlı kullanılabilen ajanlar; Dimerkapto süksinik asit-Süksimer (DMSA/MESO), Kalsiyum disodyum etilendiamin tetraasetik asit (Ca-Na_2 EDTA), Dimerkaprol-İngiliz Anti-Levisit (BAL) ve D-Penisilamindir.

DMSA; oral yoldan alınabildiği, kısa dönem için etkin bir şekilde kan kurşun düzeyini azaltabildiği ve daha az yan etkiye sahip olduğu için Ca-Na_2 EDTA'dan daha avantajlı bir ajandır. Etkinlik açısından D-penisilaminden de daha iyi bir ajan olan DMSA'nın dezavantajı, uzun dönemde çocuklarda kan ve beyin kurşun düzeylerinin iyileştirilmesinde işe yaramamasıdır. Son zamanlarda yapılan bir araştırma DMSA'nın, çocuklarda kan kurşun düzeylerini düşürdüğü fakat öğrenme ve davranış üzerine bir faydasının olmadığını göstermiştir (Liu ve ark., 2008, p.: 947). D-penisilamin, toksiktir ve gastrointestinal yoldan kurşun absorbansını arttırır.

Yeni doğanlarda kurşun sebepli ensefalopati, hayatı tehdit eden ciddi bir rahatsızlıktır. Bu durumlarda derhal EDTA şelasyon tedavisine başlanmalıdır.

Beyine kurşun transferinin önüne geçebilmek amacıyla EDTA tedavisi öncesi ve sırasında bebeğe BAL de verilmelidir. Tedavinin 2 gün sonrasında iskelette depolanma ihtimali yüksek olan kurşunun vücuttan uzaklaştırılması amacıyla yeni bir EDTA-BAL şelasyon tedavisine başlanmalıdır. Bu sırada beyin ödemi için dekzametazon, konvülziyonlar için de benzodiazepam gerekebilir.

Şelasyon tedavisinin uygulanamadığı durumlar da vardır. Bunlar; kurşun koliği ve böbrek yetmezliğidir (glomerüler filtrasyondan geçen kurşun-EDTA kompleksi, yetmezliği daha da ciddileştirir) EDTA-BAL şelasyon tedavisinde BAL-demir kompleksinin kusturucu etkisinden dolayı, demir bu tedaviyle aynı anda verilmemeli, tedavi sonrası demir takviyesi yapılmalıdır.

Ciddi kurşun zehirlenmesi geçiren yetişkinlerde de şelasyon tedavisine başvurulur. Fakat kurşun işçilerinde, devam eden mesleki maruziyeti önleyici tedbir olarak asla şelasyon kullanılmamalıdır. Bunun yerine hasta ilk önce maruziyet ortamından uzaklaştırılmalı daha sonra yavaş yavaş vücudu kurşundan arındırılmalıdır.

Organik kurşun bileşikleri için etkili bir tedavi şekli yoktur. Şelasyon ajanları işe yaramaz. Bazı vakalarda barbitürat tedavisi gerekebilir. Akut kurşun zehirlenmesinde, maruziyet sonrası çoğu belirti ortadan kalkar. Uzun dönemli mesleki maruziyet ise hastada geriye bazı hasarlar bırakabilir (Skerfving ve Bergdahl, 2007, Chapter 31).

1.1.8.4. Tedavi Sonrası Dönem (Prognoz)

Yetişkinlerde; sindirim sistemi belirtileri, anemi, periferal nöropati ve tübüler böbrek sıkıntıları tedavi esnasında ve sonrasında genellikle çözülür. Fakat çocukluklarda zehirlenmeyle oluşan ensefalopati, MSS'de bazı hasarlar bırakır. Tedavi gören çocuklarda ilerleyen yaşlarda kalp ve beyin damarları hastalıkları ile böbrek rahatsızlıkları görülebilir.

Mesleki maruziyet etkilerini mümkün olduğunca azaltmak için kurşun sektörüne girecek işçiler, tıbbi bir denetimden geçirilmeli ve bu işçilerden toksik etkilere eğilimi olanlar (anemi, sinir sitemi hastalıkları, hipertansiyon, porfirinüri vb.) ile aşırı alkol kullananlar (alkol bir risk faktörüdür) uyarılmalıdır. Çalışanlar da belirli aralıklarla sağlık kontrollerinden geçirilmelidir (Skerfving ve Bergdahl, 2007, Chapter 31).

1.1.9. Analizi

1.1.9.1. Analiz İçin Kullanılan Cihazlar

Kurşunun çevresel ve biyolojik örnekler içerisindeki miktarının analizi için kullanılan cihazlar yaygınlık sırasına göre şunlardır:

- Atomik Absorbsiyon Spektroskopisi (AAS)
- Grafit Fırınlı Atomik Absorbsiyon Spektrometresi (GF AAS)
- L-Kabuğu / K-Kabuğu X-Işını Floresan (LXRF / KXRF)
- Yüklü Parçacıklı X-Işını Emisyonu (PIXE)
- İndüktif Eşleşmiş Plazmalı Kütle Spektrometrisi (ICP-MS)
- İndüktif Eşleşmiş Plazmalı Atomik Emisyon Spektrometrisi (ICP-AES)
- Diferansiyel Puls / Anodik Sıyırma Voltametrisi (DPASV /ASV)
- İzotop Seyreltimi Kütle Spektrometrisi (IDMS)

IDMS; çok düşük kurşun konsantrasyonlarının analizi için en iyi metottur. Fakat gereksinim duyduğu donanımın çok olması ve cihazı kullanacak kişinin işinin uzmanı olması gerektiği için yaygın olarak kullanılmamaktadır.

Organik kurşunun bileşenlerine ayrılması ve ardından analizi için Gaz Kromatografi Atomik Absorbsiyon Spektrometrisi (GC-AAS) cihazı kullanılır (U.S. DHHS, 2003).

1.1.9.2. Analiz İçin Kullanılan Örnekler

1.1.9.2.1. Çevresel Örnekler

* ***Hava:*** Havadaki kurşunun büyük bir kısmı insan kaynaklıdır. Volkanik olaylar, yangınlar, aşınmalar ve radyoaktif bozunmalar gibi doğal kaynaklardan gelen kurşun miktarı çok azdır. Kurşun, havada gaz veya parçacık formunda bulunur ($\mu g/m^3$). Parçacık formundaki kurşun, süzülerek izole edilir. Gaz formundaki kurşun, organik kurşundur. Havanın tayini için kullanılabilecek cihazlar; AAS, GF AAS, PIXE ve ICP-AES'dir. Cihazlar içinde havanın analizi için en hassası GFAAS' dir. GC-AAS de havadaki organik kurşunun bileşenlerine ayrımı için kullanılabilir.

* ***Toprak:*** Toprakta, toplam kurşun veya organik kurşun miktarı belirlenir. Toprağın tayini için kullanılabilecek cihazlar; AAS, GFAAS ve ICP-AES'dir. ICP-AES, toprakta kurşun analizi için en hassas cihazdır. Farklı ortamlarda GC-AAS, organik kurşunu ayırmak için kullanılır.

* ***Su:*** Suda, kurşunun parçacık formu veya çözünmüş formunun miktarı belirlenir ($\mu g/dL$). Suyun tayini için kullanılabilecek cihazlar; AAS, GFAAS, ICP-AES ve ICP-MS'dir. ICP-MS, suda kurşun analizi için en hassas cihazdır. Bu yüzden sadece suda değil diğer ortamlardaki kurşun analizleri için de yaygın hale gelmektedir. GC-AAS, çözünmüş kurşun analizlerinde organik kurşunu ayırmak için kullanılır.

* ***Besinler:*** Besinlerdeki kurşunun analizi topraktakine benzerdir. Besinlerin tayini için kullanılabilecek cihazlar; AAS, GFAAS, ICP-AES, ASV ve DPASV'dir. 5 cihaz da analiz için güzel sonuçlar vermektedir. GFAAS, ekmek; ASV de koyulaştırılmış süt için en hassas cihazlardır (U.S. DHHS, 2003).

1.1.9.2.2. Biyolojik Örnekler

* ***Tam kan/Eritrosit:*** Tam kan, kurşun maruziyetinin takibinde yararlanılan en yaygın biyolojik örnektir ve mesleki kurşun maruziyeti açısından rutin bir sağlık prosedürüdür. Tam kanın önemi, tüm kurşun bileşiklerinin ve tüm maruziyet yollarının ortak belirteci olmasıdır. Tam kanın tek dezavantajı, yalnızca yakın dönem kurşun maruziyeti ile ilgili bilgi vermesidir. Tam kanın tayini için kullanılabilecek cihazlar; AAS, GFAAS, ASV ve ICP-MS'dir. 4 cihaz da tam kan analizi için hassastır ve 2 tür maruziyet için de etkilidir.

* ***Serum/Plazma:*** Tam kanın haricinde sık olmasa da kurşun, plazmada da ölçülebilir. Bu işlem düşük kurşun düzeyleri nedeniyle zor olmasına rağmen, dokulara dağıtılacak olan kurşun miktarını içerdiğine inanıldığı için oldukça istenen bir analizdir. Plazma da tam kan gibi tüm maruziyet yolları ve tüm kurşun bileşikleri için yansıtıcı niteliktedir. ICP-MS, yavaş yavaş yaygınlaşan plazmada kurşun analizi için kullanılan tek cihaz olma özelliğini taşır.

* ***İdrar:*** Yakın dönem kurşun maruziyeti için kan kullanılmasına rağmen, çok düşük konsantrasyonlar ve kolay sonuç için idrar daha uygundur. İdrarın tayini için kullanılabilecek cihazlar; AAS, ICP-MS ve ASV. 4 cihazın hassasiyeti de iyidir.

* ***Yumuşak Dokular:*** Yumuşak dokularda kurşun analizi, otopsi çalışmaları ile sınırlıdır. Analizi yapılabilen otopsi dokuları; böbrek, karaciğer, beyin, dalak, akciğer ve testistir. Yumuşak dokuların tayini için kullanılabilecek cihazlar; AAS, GFAAS, ASV ve ICP-MS. 4 cihaz da düşük konsantrasyonlarda hassas sonuçlar verir.

* ***Biyogöstergeler:*** Vücut dokuları ve sıvılarındaki kurşun yükünün belirlenebilmesinde çok yardımcı olan biyogöstergeler; tüm kurşun bileşiklerinin ve tüm maruziyet yollarının belirlenmesinde yol göstericidir. Bunlardan hem biyosentezi tabanlı olanlar; kanda eritrosit protoporfirin (EP)-Zn-protoporfirin (ZPP) miktarı artışı, serum,plazma ve idrarda δ-ALA birikimi, δ-ALAD aktivitesi düşüşü, ve idrarda koproporfirin birikmesidir. Hem metabolizması dışında kalanlardan bazıları nükleotid biyosentezi ile ilgilidir. Bunlar; Py-5′-N enzim inhibisyonu, plazmada D vitamini metabolit miktarında azalma, eritrosit membran Na^{+}-K^{+} ATPaz ve Nikotinamid Adenindinükleotid Sentaz (NADS) enzim inhibisyonlarıdır (Sakai, 2000; U.S. DHHS, 2003).

Kandaki δ-ALAD aktivitesi analizi 2 yolla gerçekleştirilebilir: Ehrlich belirtecinin porfobilinojen (PBG) ile kompleks oluşturmasına dayanan kolorimetrik tespiti veya PBG oluşumunun Yüksek Performanslı Sıvı Kromatografi (HPLC) tekniği ile ölçümüdür. δ-ALA'nın Ehrlich'in pozitif pirolüne kimyasal dönüşümü veya HPLC analizinden sonra florometri ile tespiti sonucu biyolojik sıvılarda δ-ALA analizi yapılabilir (IARC, 2006). Kan hemoglobini ve kan hücre sayısı (hematokrit) ile kan basıncı ve sinir sistemi bulguları ise meslek hastalıklarında yararlanılabilecek biyogöstergelerdir (U.S. DHHS, 2003).

* ***Sert (kireçleşmiş) dokular:*** Kemikler ve dişlerde kurşunun yarılanma ömrü uzun yıllar gerektirdiği için bu örnekler, uzun dönem ve hatta ömür boyu kurşun maruziyetlerinin belirlenmesi için çok iyi ortamlardır. LXRF, KXRF, IDMS ve ASV. LXRF ve KXRF, kemikte kurşun tayini için en çok kullanılan cihazlardır. LXRF'de daha az enerji işin içine girdiği için KXRF'den daha yüzeysel kemik parçalarında ölçüm yapılır. Dişlerde en çok kullanılan cihazlar ise; IDMS ve ASV'dir. Kemiklerde en çok analiz yapılan bölgeler; kaval kemiği, topuk kemiği ve dizkapağıdır. Dişlerdeki kurşun analizi sütdişlerinde yapılır (U.S. DHHS, 2003).

* ***Saç ve Tırnaklar:*** Saç, toplama kolaylığı, girişimsizliği ve minimal maliyeti nedeniyle (Barbosa Jr ve ark., 2005), kurşun maruziyetinde eskiden beri kullanılan bir biyogösterge olmasına rağmen saçta kurşun analizinde; ter, toz veya

saç boyasının olası kontaminasyonu sebebiyle tutarsız ve güvenilir olmayan analizler söz konusu olabilir (U.S. DHHS, 2003). Coğrafik, etnik ve ekolojik faktörler saçtaki kurşun dağılımını etkiler. Tırnaklar da saçlar gibi toplama ve girişimsizlik açısından oldukça avantajlı biyogöstergelerdir. Ayrıca tırnak örnekleri toplama sonrası stabildir. Tırnaklardaki kurşun düzeyi, bireyin yaşına bağlıdır fakat cinsiyetine bağlı değildir (Barbosa Jr ve ark., 2005).

* ***Plasenta:*** Biyolojik monitörlemede, özellikle girişimsiz dokular istenir. Plasental dokudaki kurşun analizi bu anlamda; maruziyetin olası bir göstergesi olarak değerlendirilir. Fakat maruziyet için uygun bir doku olmadığını öneren aksi yönde çalışmalar da mevcuttur.

* ***Ter ve tükrük:*** Ter ve tükrükteki kurşun konsantrasyonları değerlendirilmiş ve kan-kurşun düzeyleriyle zayıf korelasyonundan dolayı maruziyet görüntüleme için tavsiye edilmemiştir (IARC, 2006).

1.1.9.3. Uluslararası Yasal Sınırları

Türkiye'de kurşunun yasal sınırları;

- Eşik Limit Değer (TLV) (toprakta); pH 5-6 arası için 50 mg/kg, pH 6'dan büyük ise 300 mg/kg
- TLV (havada); inorganik bileşikleri için 0,05 mg/m^3; organik bileşikleri için 0,15 mg/m^3
- Mesleki Maruziyet Limiti (OEL) (havada); 150 µg/m^3
- Mesleki Biyolojik Limit Değeri (BLV) inorganik bileşikleri için erkeklerde 30 µg/dL, kadınlarda 10 µg/dL; organik bileşikleri için 25 µg/dL (TEL) ve 50 µg/dL (TEL+TML)
- Biyolojik Maruziyet Endeksi (BEI) kanda 10 µg/dL
- İçme-kullanma sularında 250 µg/dL (31 Aralık 2012'den itibaren 100 µg/dL)
- Süt ve süt ürünlerinde 0,02 mg/kg yaş ağırlık

- Et ve et ürünlerinde sığır, koyun vb. için 0,10 mg/kg yaş ağırlık; balık için 0,30 mg/kg yaş ağırlık
- Sebzelerde 0,10 - 0,30 mg/kg yaş ağırlık
- Meyvelerde 0,10 – 0,20 mg/kg yaş ağırlık
- Katı ve sıvı yağlarda 0,10 mg/kg yaş ağırlık
- Meyve sularında 0,05 mg/kg yaş ağırlık

Diğer ülkelerdeki yasal sınırlardan bazıları;

- TLV (havada); Amerika'da inorganik bileşikleri (hayvanlarda karsinojen) için 0,05 mg/m^3, kurşun kromat (hayvanlarda karsinojen - insanlarda olası karsinojen) için 0,05 mg/m^3, kurşun arsenat için 0,15 mg/m^3, organik bileşikleri için 0,15 mg/m^3
- OEL; Amerika'da 50 μg/m^3, AB ülkelerinde 150 μg/m^3, Japonya'da 100 μg/m^3
- BLV; Amerika, AB ülkeleri ve Japonya'da 40 μg/dL
- BEI; Amerika'da erkekler için 30 μg/dL, kadın ve çocuklar için 10 μg/dL, AB ülkelerinde erkek ve kadınlar için 30 μg/dL, çocuklar için 10 μg/dL
- İçme-kullanma suları; Amerika'da 150 μg/dL, AB ülkelerinde 100 μg/dL
- Yiyecekler; AB ülkelerinde süt ve süt ürünlerinde 0,02 mg/kg, et ve sebzede 0,1-1,0 mg/kg

Kurşunun yeni doğanlar ve bebeklerde MSS üzerine toksik etkisinde belirlenebilmiş bir eşik değer yoktur. Çok düşük düzeydeki maruziyetler bile kalıcı hasarlar bırakabilir. (ÇŞB Toprak Kirliliğinin Kontrolü Yönetmeliği, 2005; Skerfving ve Bergdahl, 2007, Chapter 31; GTHB Türk Gıda Kodeksi Gıda Maddelerindeki Bulaşanların Maksimum Limitleri Hakkında Tebliğ, 2008; ÇSGB Meslek Hastalıkları Rehberi, 2011). *Lanphear ve ark;* kan-kurşun düzeyleri 5 μg/dL'den daha az olan çocuklarda, aritmetik ortalama ve okumanın her 1 μg/dL artışta 0,5 puan azaldığını gözlemlemişlerdir (Jones, 2009).

1.2. δ- Aminolevülinik Asit Dehidrataz (δ- ALAD) Enzimi

1.2.1. Tetrapiroller (Porfirin halkaları)

Tetrapiroller, kimyasal yapıları birbirine benzer bir grup molekülü kapsar. Dallanmış bir yolakla sentezlenen bu moleküllerden "klorofil (Chl)" ve "hem", doğada en bol bulunan porfirinlerdir. Klorofil, şelatlanmış bir magnezyum, hem ise demir iyonu ihtiva eder. Bu 2 tetrapirol yapılarındaki metallerden dolayı aynı zamanda metalloporfirinler olarak adlandırılırlar (Tanaka ve ark., 2011).

Tetrapiroller, aerobik (O_2'li) metabolizma ve karbon fiksasyonu için esansiyeldir (Rocha ve ark., 2012). Klorofil; ışığı absorblayarak fotosentez sırasında güneş enerjisinin kimyasal enerjiye çevrimini sağlar. Diğer tetrapiroller arasında nitrit ve sülfit redüktazların prostetik grubu sirohemler ve fitokromun kromoforu fitokromobilin sayılabilir. Organizmadaki işlevlerinden ötürü tetrapirol metabolizması günümüze dek birçok araştırmacının ilgisini çekmiştir (Tanaka ve ark., 2011).

1.2.2. Tetrapirol Biyosentezinin Metabolik Yolağı

Tetrapirol biyosentezi 3 kısma ayrılabilir:

- δ-ALA sentezi,
- 8 adet δ-ALA molekülünden porfirin oluşumu,
- Fe^{+2} ve Mg^{+2} iyonlarının ilavesi ve metalloporfirin modifikasyonu ile hem, klorofil vb. olarak farklılaşması.

Bitkilerde klorofil sentezi yalnızca kloroplastlarda; hem sentezinin son 2 basamağı ise mitokondri ve plastidlerde gerçekleşir. Hayvanlarda ise durum farklıdır. Hem sentezi; δ-ALA sentezi ile mitokondride başlar, koproporfirinojen sentezi ile sitoplazmada devam eder ve protohem sentezi ile yine mitokondride son bulur (Tanaka ve ark., 2011).

Tetrapirol biyosentezinin temel maddesi δ-ALA'dır. Öncül molekül δ-ALA oluşumu canlılarda 2 yolla gerçekleşir:

- ***C_5 Yolağı:*** Bitkiler, algler ve birçok bakteride glutamattan, glutamil-tRNA redüktaz (GluTR), glutamat-1-semialdehit (GSA) ve glutamat-1-semialdehit aminomutaz (GSAM) enzimleri aracılığıyla oluşur.
- ***Shemin Yolağı:*** α-Proteobakteriler, küf mantarları ve memeli mitokondrilerinde glisin ve süksinil-CoA'nın δ-ALAS enzimi aracılığıyla kondensasyonu sonucu oluşur. Bazı bakterilerde ise her 2 yolla da ALA oluşumu gerçekleşebilmektedir (Layer ve ark., 2010).

1.2.3. Hem Molekülü

4 pirol halkasından oluşan "hem" molekülü asimetrik yapıdadır. Çoğunlukla glisin ve süksinil-CoA'dan elde edilir. İzotop izleyiciler kullanılarak molekülün azot (N) ve karbon (C) atomlarının glisin ve asetattan geldiği kanıtlanmıştır. Hemler, tetrapirol halkalarına eklenen fonksiyonel grupların tipine göre 3 sınıfa ayrılırlar. Bunlar; hem a, hem b ve hem c'dir (Tanaka ve ark., 2011). Organizmasal ve hücresel metabolizmada merkezi bir rol oynayan hem, tüm ökaryotlarda ve çoğu prokaryotta (*Archaea* ve bazı bakteriler hariç) sentezlenir (Dailey, 1997). Hemoglobin, miyoglobin, CYP monooksijenazlar, katalazlar, peroksidazlar ve O_2/NO gibi diatomik gazlar için algılayıcı proteinlerin prostetik grubudur (Layer ve ark., 2010).

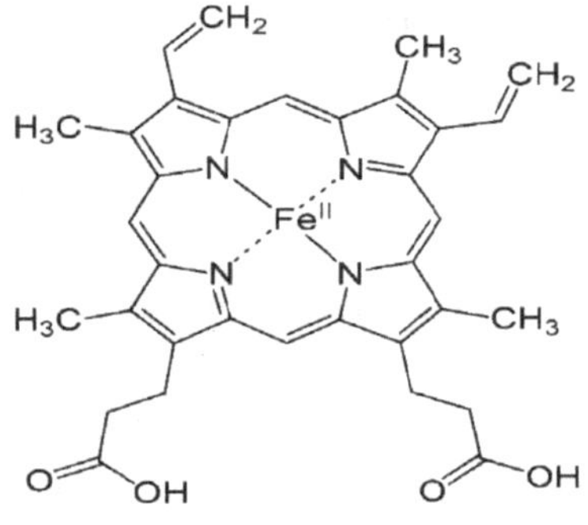

Şekil 1.8. Hem molekülünün yapısı (Tanaka ve ark., 2011).

1.2.4. Hem Biyosentez Yolağı

Neredeyse tüm dokularda sentezlenebilen hemin; % 85 kadarı kırmızı kan hücrelerinin mitokondrilerinde sentezlenirken, geriye kalan sentezin çoğu karaciğer hepatositlerinde gerçekleşir (Micaelo ve ark., 2010). Kırmızı kan hücrelerinde sentezlenen hem, retikülositlerdeki protein sentezini tetikler. Karaciğerde sentezlenen hem ise, detoksifikasyonda görevli sitokrom P450 sınıfı enzimlerinin sentezinde kullanılır.

Hem biyosentez yolağını sırasıyla 6 basamağa ayırmak mümkündür:

i. Glisin ve süksinil-CoA'dan kondensasyon ve dekarboksilasyonla δ-ALA oluşur. Bu reaksiyonu δ-ALA sentaz (δ-ALAS) enzimi katalizler. δ-ALAS'ın yapısı transaminazlara yakındır. Koenzim pridoksal fosfatın (PLP) amino grubuyla 2 molekülün Schiff bazı oluşturması esasına dayanan reaksiyonda; δ-ALAS, hem biyosentez yolağının hız sınırlayıcısıdır. Hem molekülü çoğu hücrede, bir geri besleme inhibitörü gibi çalışarak δ-ALAS geninin transkripsiyonunu baskılar. Yalnızca gelişen eritrositlerde, δ-ALAS'ın düzenlenmesi gen transkripsiyonuyla değil de FeS kümelerindeki Fe^{+2} varlığı ile sağlanır. δ-ALAS ayrıca; barbitüratlar, steroidler ve bazı doğum kontrol ilaçlarınca da inhibe edilir. Bu inhibisyon, "mikrozomal sitokrom P450 mono-oksijenaz sistemi" tarafından metabolize edilir.

ii. 2 molekül δ-ALA, δ-ALA dehidrataz (δ-ALAD) enziminin katalizlediği bir kondensasyon reaksiyonuyla PBG halkasına dönüşür. Kondensasyon esnasında enzim ile δ-ALA arasında lisin bulunur. Bakterilerdeki ve küf mantarlarındaki δ-ALAD'ın katalizlediği reaksiyon birbirine benzerdir. Fakat memelilerdeki δ-ALAD'daki çinko (Zn^{+2}) varlığından dolayı bazı etkileşimler olabilir.

iii. 4 molekül PBG'den kondensasyon sonucu amino gruplarının elenmesiyle bir porfirin halkası olan tetrapirol I-hidroksimetilbilan oluşur. Bu reaksiyon PBG deaminaz (PBGD/hidroksimetilbilan sentaz/HMBS) enzimi ve onun prostetik grubu dipirometanın sistein kükürt ligandı ile katalizlenir.

iv. I-hidroksimetilbilan, üroporfirinojen III sentaz (UROS) enzimiyle makrosiklik üroporfirinojen III (UROGEN)'e dönüştürülür. Bu molekül, B_{12} vitamini, hem ve klorofil sentezi için prekürsördür (öncül madde).

v. UROGEN molekülü üroporfirinojen III dekarboksilaz (UROD), koproporfirinojen III oksidaz (CPO) ve protoporfirinojen IX oksidaz (PPO) enzimleriyle sırasıyla; koproporfirinojen III (COPROGEN), protoporfirinojen IX (PROTOGEN) ve protoporfirin IX (PROTO)'a dönüştürülür.

vi. Protoporfirin IX'a ferroşelataz (FeCh) enzimiyle Fe^{+2} iyonu ilave edilir. Böylece hem molekülü oluşur. Ferroşelataz, 2 FeS kümesi içeren homo-dimerik bir enzimdir. Hem molekülü yapısındaki demirin kaynağı; beslenme ile yaşlı ve hasarlı eritrositleri sindiren retikülo-endotelyal sistemin makrofajları tarafından salınan geri dönüşümdür. Demirin atılımı için herhangi bir mekanizma mevcut değildir. Demir yalnızca kanama (menstrüasyon periyotları dahil), epitelyum doku vb. yapılardaki hücre değişimleri esnasında atılabilir. Demir, transferrin reseptör aracılığıyla serumdan alınarak ferritin proteini ile ana stok yeri olan karaciğerde depolanır. Bu olaylarda rol oynayan diğer proteinler; hepsidin, hemokromatoz-majör doku uyuşumu kompleksi sınıf I proteini (HFE), hemojuvelin (HFE_2) ve ferroportindir Tanaka ve ark., 2011).

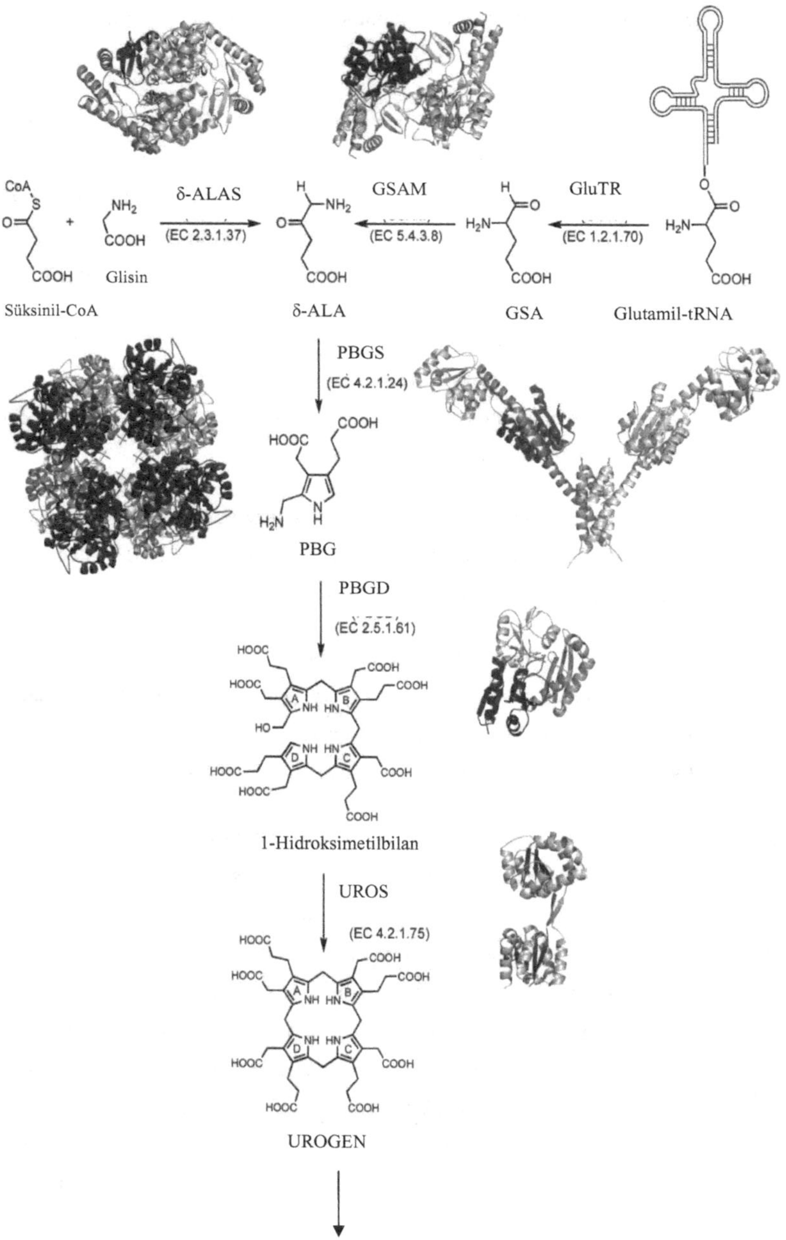
δ-ALAS
(EC 2.3.1.37)
GSAM
(EC 5.4.3.8)
GluTR
(EC 1.2.1.70)
Süksinil-CoA
Glisin
δ-ALA
GSA
Glutamil-tRNA
PBGS
(EC 4.2.1.24)
PBG
PBGD
(EC 2.5.1.61)
1-Hidroksimetilbilan
UROS
(EC 4.2.1.75)
UROGEN

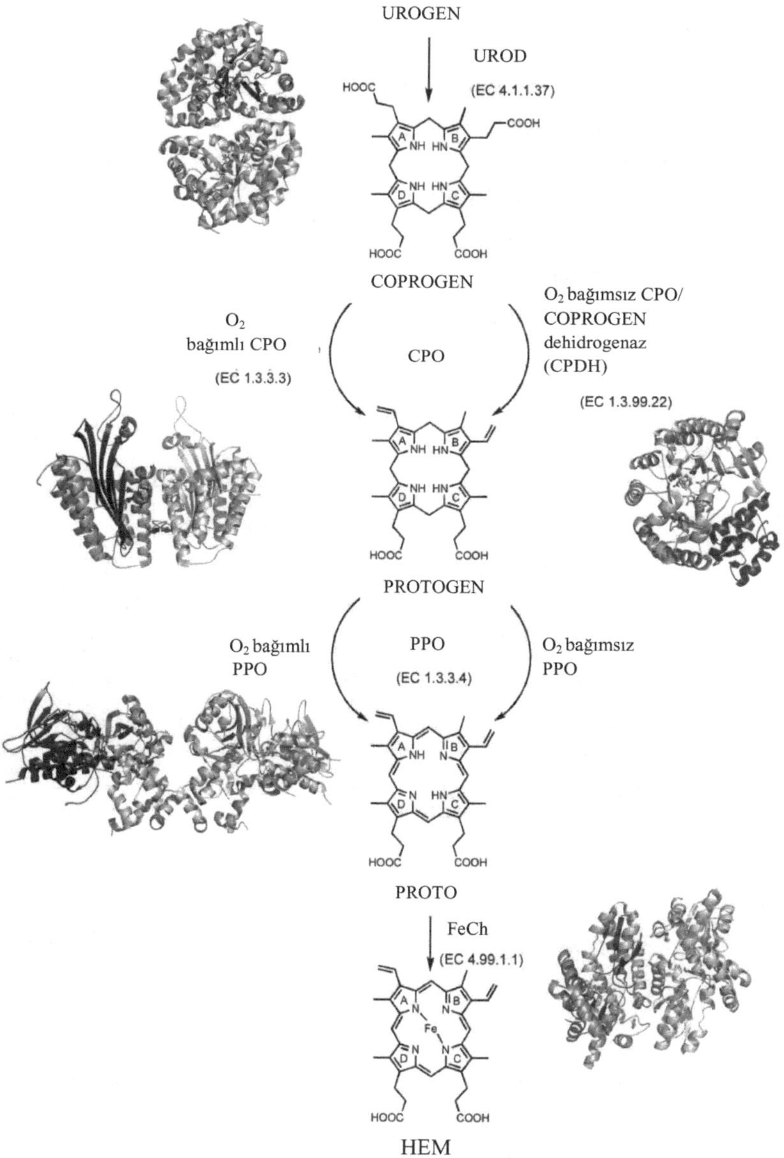

Şekil 1.9. Hem biyosentez yolağı (Layer ve ark., 2010 makalesinden derlenmiştir).

1.2.5. Hem Metabolizasyonu Bozuklukları

Porfiriler; hem öncül maddelerinin aşırı üretiminden kaynaklanan bir grup heterojen hastalıktır (Doss ve ark., 2000). Porfiri adı, Yunanca eflatun pigment anlamına gelen *'porphyra'* kelimesinden gelmektedir (4). Porfirilerin nedeni, hem biyosentez yolağında görevli enzimlerden birinin aktivitesinin spesifik olarak azalmasıdır. Akut kurşun zehirlenmesi ve kalıtsal olmayan/toksik tip (kronik hepatik porfiri) gibi sonradan edinilen enzimlerin inhibisyonu neticesindeki toksik porfiriler olduğu gibi doğuştan bireyde var olan porfiriler de mevcuttur (Doss ve ark., 2000).

Çizelge.1.7. Porfiri çeşitleri ve defekt enzimler (Doss ve ark., 2000 makalesinden derlenmiştir).

Porfiri Çeşidi	Defekt Enzim	Kalıtım (OD=Otozomal Dominant; OR=Otozomal Resesif)	Ana Bulgular
A) Akut Hepatik Porfiriler			
1- Akut Kesintili Porfiri (AIP)	PBGD	OD	Nörovisseral
2- Porfiri Variegata (VP)	PPO	OD	Nörovisseral ve ışıksal hassasiyet
3-Kalıtımsal Koproporfiri (HCP)	CPO	OD	Nörovisseral ve ışıksal hassasiyet
4- δ-ALAD Porfiri (ADP)	δ-ALAD	OR	Nörovisseral
B) Kronik Hepatik Porfiriler			
1- Porfiri Kutenea Tarda (PCT)	UROD	OD/OR	Işıksal hassasiyet
2- Hepatoeritropoetik Porfiri (HEP)	UROD	OR	Nörovisseral ve ışıksal hassasiyet
C) Eritropoetik Porfiriler			
1- Eritropoetik ve Eritrohepatik Protoporfiri (EPP)	FeCh	OD	Işıksal hassasiyet
2- Konjenital Eritropoetik Porfiri (CEP)	UROS	OR	Işıksal hassasiyet

İnsanlarda δ-ALAD eksikliğiyle ilişkili 3 bozukluk vardır; hepatorenal tirosinemi, ALAD porfiri (ADP) ve kurşun zehirlenmesi. Bu 3 bozukluktan yalnızca ADP, ALAD geninin mutasyonlarından kaynaklanır. ADP, çok nadir görülen bir OR bozukluktur. Şu ana kadar 10'dan daha az ADP vakası bildirilmiştir. İdrarda δ-ALA birikimi ve atılımı ile akut nörovisseral ataklarla karakterize olur.

Hepatorenal tirosinemi, Fumarilasetoasetat Hidrolaz genindeki mutasyonlardan kaynaklanan bir OR bozukluktur. Tirosin katabolizmasının son adımını etkileyen bir gen defekti olan hepatorenal tirosinemi, fumarilasetoasetatın fumarat ve asetoasetata hidrolizini engelleyerek fumarilasetoasetatın süksinilasetoasetik asit ve süksinilasetona metabolize olmasına neden olur. Süksinilaseton, potansiyel bir δ-ALAD inhibitörüdür. Yapısal olarak δ-ALA'ya çok benzer ve δ-ALAD'ın kompetitif (yarışmalı) inhibitörü olarak davranır. δ-ALAD, birlikte kompleks oluşturduğu antibiyotik terapisi (alaremisin vb.) için de bir hedef sağlar. Karaciğer transplantasyonu, hepatorenal tirosinemide fayda sağlarken ADP'de işe yaramamıştır (Ajioka ve ark., 2006; Layer ve ark., 2010).

Porfiri hastalığının, tarihteki vampir efsanelerinin kaynağını oluşturduğuna inanılır. Porfiri hastalarının güneşe karşı hassasiyetleri ve anemiden dolayı ciltlerinin normalden beyaz görünmesi, vampirizm özellikleriyle örtüşmektedir. Yaygın kanının aksine porfiri hastalarının engel olamadıkları bir kan içme arzusu yoktur ve dışarıdan bir kan takviyesi, hastalığı durdurucu bir etkiye sahip değildir (4). Porfiri tedavisi, "hemin idaresi" şeklinde yapılır. Hem molekülünün başka bir formu olan hemin (Fe^{+3} iyonu içeren), sentez yolağını negatif yönde etkiler ve öncüllerin birikimini engelleyerek tedaviye yardımcı olur.

1.2.6. δ-ALAD'ın Özellikleri

Porfobilinojen sentaz (PBGS) olarak da bilinen δ-ALAD (5-ALAD); hem biyosentez yolağı enzimlerinden biridir ve yolaktaki 2. basamakta görev alır (Plewinska ve ark., 1991; Doss ve ark., 2000; Süzen, 2001; Shaik ve Jamil, 2008). δ-ALAD; limitsiz ve sitoplazmik bir metalloenzimdir (Frankenberg ve ark., 1999; Doss ve ark., 2000; Wang ve ark., 2010). Bugüne kadar saflaştırılabilen enzimlerden anlaşıldığı üzere hekzamerik yapıdaki *R. Capsulatus* dışında δ-ALAD, homooktameriktir (Plewinska ve ark., 1991; Layer ve ark., 2010). δ-ALAD; doğada insanlar, hayvanlar, bitkiler ve mikroorganizmalar arasında yaygın şekilde bulunur (Rocha ve ark., 2012). δ-ALAD, aerobik organizmalar için esansiyel bir enzimdir (Fachinetto ve ark., 2006).

Aminoasit dizilimlerindeki benzerliklerine rağmen tüm δ-ALAD'lar; kataliz için Mg^{+2}, Zn^{+2} veya her ikisine birden ihtiyaç duyarlar (Frankenberg ve ark., 1999). Moleküler ağırlık, optimum pH, metal gereksinimi ve EDTA'ya olan hassasiyetlerine göre δ-ALAD'lar 2 sınıfa ayrılırlar (Kutlu ve Sümer, 2008). İlk sınıf; memeli, kuş ve maya δ-ALAD'larını içerir. 1. Sınıf δ-ALAD'lar; Zn^{+2} bağımlı enzimlerdir. İkinci sınıf ise; bitki ve bakteri δ-ALAD'larını içerir. 2. Sınıf δ-ALAD'lar Mg^{+2} bağımlıdır. 2. Sınıfa giren bakterilerden bazıları *B. Japonicum* gibi yalnız Mg^{+2}'ye ihtiyaç duyarken; *E. Coli* gibi bazı bakteriler ise Mg^{+2} ve Zn^{+2} iyonlarının her ikisine de ihtiyaç duyar (Ogunseitan ve ark., 2000; Layer ve ark., 2010). Yalnız Mg^{+2}'ye ihtiyaç duyan *P. Aeruginosa* gibi bakterilerin bir kısmının enzimleri potasyum gibi monovalen katyonlarla stimüle olur (Frankenberg ve ark., 1999). Bazı δ-ALAD'lar ise metal bağımsızdır (Layer ve ark., 2010).

δ-ALAD'larla ilgili önerilen bir alt sınıflandırma; enzimleri 4 tipe ve A, B ve C adı verilen 3 bölgeye ayırır.

Tip I δ-ALAD'lar; A, B ve C bölgelerinde toplam 8 Zn^{+2} iyonu içerir. Bu iyonların 4'ü A bölgesinde, geri kalan 4'ü de B bölgesinde yer alır. C bölgesi ise boştur. İnsan δ-ALAD'ı Tip I'de yer alır.

Tip II δ-ALAD'lar için 2 hipotez vardır. Hipotezlerden ilki; A bölgesinde 4 Zn^{+2}, B bölgesinde 4 Zn^{+2} ve C bölgesinde 8 Mg^{+2}; ikincisi ise B bölgesinde 8 Zn_{α}^{+2} ve C bölgesinde 8 Mg_{β}^{+2} olmak üzere toplamda 16 iyon içerir.

Tip III δ-ALAD'lar için de 2 hipotez mevcuttur. Hipotezlerden ilki; A bölgesinde 4 Mg^{+2}, B bölgesinde 4 Mg^{+2} ve C bölgesinde 8 Mg^{+2}; ikincisi ise B bölgesinde 8 Mg_{α}^{+2} ve C bölgesinde 8 Mg_{β}^{+2} olmak üzere toplamda 16 iyon içerir.

Tip IV δ-ALAD'larda; B bölgesinde 4 Mg^{+2} ve C bölgesinde 8 Mg^{+2} olmak üzere toplam 12 adet metal iyonu bulunur. *P. Aeruginosa* ve *S. Cerevisiae* δ-ALAD'ları A, B ve C bölgelerinde barındırdıkları farklı sayıdaki iyonlar nedeniyle 4 tip enzimden hiçbirine girmezler.

Zn^{+2} bağımlı δ-ALAD'lar, genellikle metalle doğru bir koordinasyon sağlanabilmesi amacıyla çok miktarda sistein ve histidin kalıntıları içerir. Mg^{+2} bağımlı olanlarsa, onların yerine karboksilik asit içeren kalıntılara sahiptir. Enzimlerin metal iyonları katalitik (aktif)/allosterik (pasif) olarak fonksiyon gösterebilirler (Frankenberg ve ark., 1999).

Memeli δ-ALAD'ı; oktomer olarak tam aktif oligomerik bir Zn^{+2} gereksinimli enzimdir (Rocha ve ark., 2012). Her monomer, C-terminalleri (aktif bölgeler) ve N-terminal koluna sahiptir. Bu kollar, dimerik partnerine sarılı şekildedir. Son zamanlarda bu sarılmaların, δ-ALAD'ın kuarterner oktomerik şeklinin kararlılığında önemli olduğu keşfedilmiştir. N-terminal kolu ayrık olan insan δ-ALAD'ı, düşük katalitik aktiviteye de sahiptir ve yapıda yüksek aktiviteli oktomerler ile düşük aktiviteli hekzamerler denge halindedir (Layer ve ark., 2010; Rocha ve ark., 2012). Eritrositlerden saflaştırılarak fiziksel ve kinetik özellikleri tanımlanan insan δ-ALAD'ı, her biri ~37 kilo dalton (kDa) moleküler ağırlıkta olan 8 monomerden (alt birim) oluşur; toplam ağırlığı 252-280 kDa arasındadır (Plewinska ve ark., 1991; Sakai, 2000). Bu 8 monomer, 4 dimeri (aktif bölge) oluşturur. Monomerlerin her birinde bulunan 8 Zn^{+2} iyonundan 4'ü katalizde görevlidir. Bu Zn^{+2} iyonunu bağlayan mononer bölgelerine Zn_A ismi verilir. Geri kalan 4 Zn^{+2} iyonunun bulunduğu bölgeye de Zn_B adı verilir (Dailey, 1997). Zn_B, Lewis asidi olarak katalizde görev alır. Zn_B'nin ayrıca homooktamerik protein yapı kararlılığında da rol oynadığı düşünülür (Plewinska ve ark., 1991; Rocha ve ark., 2012).

Oksijene aşırı hassas olan enzim, maksimum aktivite için tiyol indirgeyici maddeler içerir (Rocha ve ark., 2004). Aktif bölgesindeki visinal sisteinil kalıntılar (-SH (tiyol) grupları), Zn^{+2} esansiyel iyonlarının koordinasyonunu sağlar; fakat aralarındaki yakınlık, onları oksidasyona karşı hassas yapar. Zn^{+2}'ler, tiyol gruplarının stabilizasyonunda rol alır. İyonların şelasyon ajanlarıyla kompleks oluşturmasıyla yapıdan ayrılması, enzimin otooksidasyonunu hızlandırabilir ve katalizi bloke edebilir (Rocha ve ark., 2012).

Şekil 1.10. "Maya δ-ALAD'ının kristal yapısına dayanan insan δ-ALAD'ı modeli." (Homooktamer yapının bir dimeri, biri kırmızı diğeri açık maviyle gösterilen 2 monomerden oluşur ve her monomer, bir N-terminal kola sahiptir. Kollar, dimerler arasında temas kurar. Morla gösterilen aktif bölge kalıntısı lisin-252, siyahla gösterilen iki aktif bölge Zn^{+2}'si ile merkezde yer alır. Aminoasit 59 (lisin), maviyle gösterilen yüzeysel bir kalıntıdır (Jaffe ve ark., 2000)).

PBG'nin propiyonat grubunu oluşturan δ-ALA molekülü, δ-ALAD'ın P bölgesine lisin (lys) kalıntısı aracılığıyla bağlanır. Bunu da Schiff bazı oluşumuyla yapar (Rocha ve ark., 2012). Diğer δ-ALA molekülü ise PBG'nin asetat grubunu oluşturmak üzere yine lisin aracılığıyla A bölgesine bağlanır. Lisin, 252. kalıntıda 2 yüksek hidrofilik bölge arasında konumlanmıştır (Plewinska ve ark., 1991). Keto grubu, lisindeki amino grubuyla reaksiyona girer ve Schiff bazı oluşur (Shaik ve Jamil, 2008). Bu Schiff bazı daha sonra enamine çevrilir. A bölgesine bağlanan δ-ALA'nın C_3 atomu, bir asimetrik aldol kondensasyon reaksiyonuyla P bölgesindeki δ-ALA'nın C_4 atomuna saldırır. Bu reaksiyonla 2 δ-ALA arasında C-

C bağı oluşur. Daha sonra P bölgesine bağlı δ-ALA'nın amino grubunun A bölgesine bağlı δ-ALA'nın C_4 atomuna saldırmasıyla 2 δ-ALA arasında C-N bağı oluşur ve A bölgesinin lisini serbest kalır. A bölgesinde meydana gelen bu protonasyon ve P bölgesinin lisin bağının lizizi ile tetiklenen proton ayrılması sonucu aromatizasyon oluşur; PBG molekülü salınır (Layer ve ark., 2010). Yani 2 δ-ALA molekülü ve 2 lisin kalıntısından 1 molekül PBG elde edilir (Shaik ve Jamil, 2008). Bu basamakta oluşan PBG; hücrelerde sitokromlar, kobalamin ile klorofil ve hem gibi tetrapirollerin öncülüdür (Süzen, 2001; Rocha ve ark., 2012). δ-ALAD; birbiriyle aynı 2 δ-ALA substratını aktif bölgedeki bağlanma cebi (A ve P bölgeleri) ile tanıyarak asimetrik bir şekilde kondense edebildiği için alışılmışın dışında bir enzimdir (Frere ve ark., 2002).

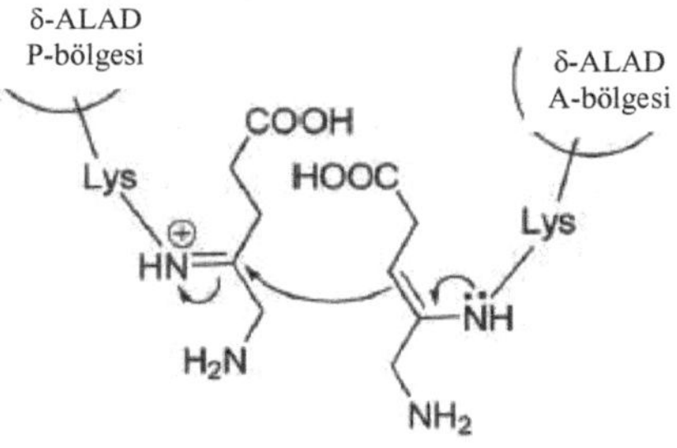

Şekil 1.11. Her 2 δ-ALA molekülünün δ-ALAD'a korunumlu lisin kalıntılarıyla kovalent olarak bağlanması (Layer ve ark., 2010 makalesinden derlenmiştir).

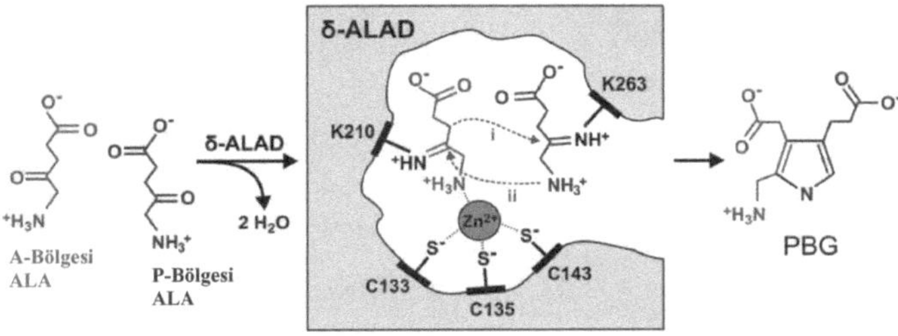

Şekil 1.12. Mayada PBG oluşumunun şematik gösterimi (Rocha ve ark., 2012 makalesinden derlenmiştir).

δ-ALAD enziminin Pb^{+2} tarafından inhibisyonuyla; yalnızca hem biyosentez yolağı bozulmaz. Aynı zamanda ortamda toksik δ-ALA birikimi meydana geldiği için bu inhibisyonu 2 yolla kurşun toksisitesine katkı sağlamış olur. Bu durumda δ-ALAD ve δ-ALA arasındaki ilişki klasik enzim-substrat ilişkisinden farklıdır (Rocha ve ark., 2012).

δ-ALAD enzimi; memeli hücrelerinin ubikuitin-ATP-bağımlı-protein degradasyonu (ayrışma) sisteminde proteozom inhibitör bir CF_2 protein olarak önerilmiştir (Dailey, 1997). δ-ALAD, hem biyosentez yolağında hız sınırlayıcı bir enzim değildir. Aksine genellikle sentez için gerekenden 20 kat fazla düzeydedir. Bu durum, δ-ALAD'ın olası CF_2 görevini destekler. δ-ALAD'ın bu görevi, eritropoez (alyuvar oluşumu) sırasında gözlenen hızlı hemoglobin birikiminde kritik bir rol oynayabilir. δ-ALAD'ın tahmini 3. görevi, kurşunun alıkoyuculuğunu yapması olabilir. δ-ALAD'ın bu olası farklı görevleri eritropoezde çok kritik olabilir (Bishop ve ark., 1996). δ-ALAD'ın, hem biyosentez yolağından farklı fonksiyonlarının da olma olasılığı organizma için ilginç bir adaptasyondur (Dailey, 1997).

1.2.7. Polimorfizm

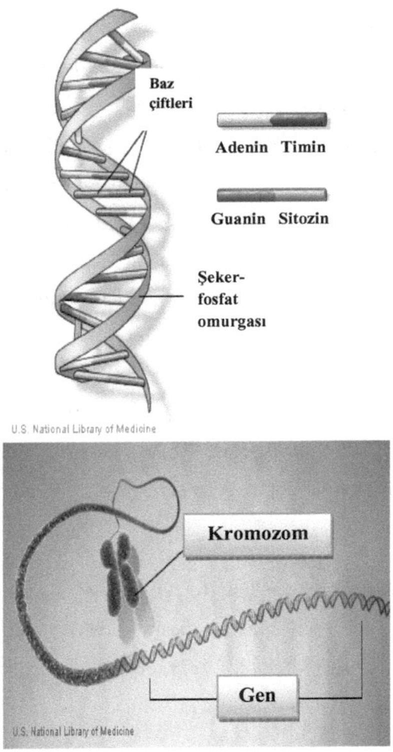

Şekil 1.13. DNA'nın yapısı ve kromozom üzerinde genin konumu (U.S. NLM'den derlenmiştir).

RNA virüsleri dışındaki tüm canlıların işlevsel ve kalıtsal materyali DNA'dır. DNA üzerindeki binlerce nükleotid uzunluğundaki bölgelere "gen" adı verilir (Emir ve Özden, 2006). 2 bireyin DNA sekansları % 99,9 aynıdır. Yunanca *poly* (çok) ve *morph* (form) kelimelerinin birleşimi olan polimorfizm; bireyler, gruplar veya popülasyonlar arasında gen sekanslarında (dizilim) görülür (Phillips, 2012).

Bir popülasyonda bir karakter için 2 veya daha fazla sayıda fenotipin bulunması ve bu fenotiplerden her birinin bu popülasyonda görülme sıklığının en az % 1 olmasına "genetik polimorfizm", % 1'den az olmasına ise "genetik mutasyon" adı verilir (Emir ve Özden, 2006). İnsan kan grupları ve Rh faktörü yaygın polimorfizm örneklerindendir. Polimorfizmler, etnik ve coğrafi farklılıklar gösterir (Deligezer ve ark., 2004). Dizilim tekrarları, rekombinasyon, süreç olasılıkları veya dışarıdan gelen ajanlar (virüs, radyasyon vb.) polimorfizmin kaynakları olabilir veya polimorfizm oluşumunu indükleyebilir. Bireyler arasındaki DNA sekans değişimleri, bir hastalıkla ilişkilendirilirse genellikle mutasyon olarak adlandırılır. Polimorfizm canlı biyokimyasını anlamada oldukça önemlidir. Çünkü polimorfizmin; bağışıklık sistemi cevabının, ilaç etkinliğinin ve hastalıklara yatkınlığın sadece popülasyonlar arasında değil bireyler arasında dahi farklılaşmasının altında yatan asıl neden olduğu önerilmektedir (Smith, 2002). Polimorfizmler bazı hastalıklara yatkınlığı arttırırken; bazı hastalıklara yatkınlığı azaltır (Ekmekçi ve ark., 2008). Polimorfizmler; doku tiplemesi, hastalık genlerinin ve yatkınlıklarının bulunması ve popülasyon çalışmaları gibi alanlarda yararlı olabilir (Kadlubar, 2002).

Mutasyondan doğan polimorfizmler; kurucu etkisi (bir popülasyonun başladığı bireylerden birinin polimorfik bir alleli (gen çifti) taşıması), genetik sürüklenme ve doğal seleksiyondan doğar ve yayılır (Kimball, 2011). Popülasyonda görülen polimorfizmler oluş nedenlerine göre 3'e ayrılır:

Tek Nükleotid Polimorfizmleri (SNP): DNA'daki tek bir baz-çifti mutasyonudur. SNP'ler, genom (toplam gen) içerisinde bir varyans (değişiklik) kaynağıdır (Smith, 2002). DNA'da her 2000-2500 bazda bir varyans gözlenir (Emir ve Özden, 2006).

SNP'ler, insan genomundaki genetik polimorfizmin en basit formu ve en yaygın kaynağıdır (tüm insan polimorfizminin % 90'ı). SNP'lere yol açan 2 tip nükleotid baz sübstitüsyonu (yerine geçme) vardır. Bunlar Transisyon (Dönüşüm) ve Transversiyon (Değişim) Sübstitüsyonudur. Transisyon; dizilim içindeki 1 pürin (A, G) veya 1 pirimidin (T, C) bazının diğer pürin veya pirimidin bazına dönüşmesidir. Transisyon tüm SNP'lerin 2/3'ünü oluşturur. Transversiyon ise; dizilim içindeki 1 pürin bazının 1 pirimidin bazının yerine veya bir pirimidin bazının pürin bazlarından 1'inin yerine geçmesidir.

SNP'ler, tüm insan genomuna eşit olarak dağılmaz. Kromozomlar üzerindeki tek 1 kromozom içinde bile farklı yerlerde yoğunlaşabilir. Kod bölgelerinde veya kodlamayan bölgelerde meydana gelebilir (Housman, 1995). Kod bölgelerindeki SNP'ler, kodlanan proteinde 2 farklı etkiye neden olabilir; sessiz (silent) mutasyon ve yanlış anlam mutasyonları. Sessiz mutasyonlar aminoasit değişimine neden olmazlar. Yanlış anlam (mis-sense) mutasyonları ise aminoasit değişimine neden olur. Bunlar kodon değişimi yaparak yanlış yerde terminasyon kodonuna neden olurlar ve meydana geldikleri proteinin fonksiyonel özelliklerini değiştirirler (Smith, 2002; Deligezer ve ark., 2004). Anlamsız (non-sense) mutasyonlar ise; DUR kodonunun oluşmasını sağlayarak proteinin olması gerekenden kısa kalmasına neden olur (Özdağ, 2012).

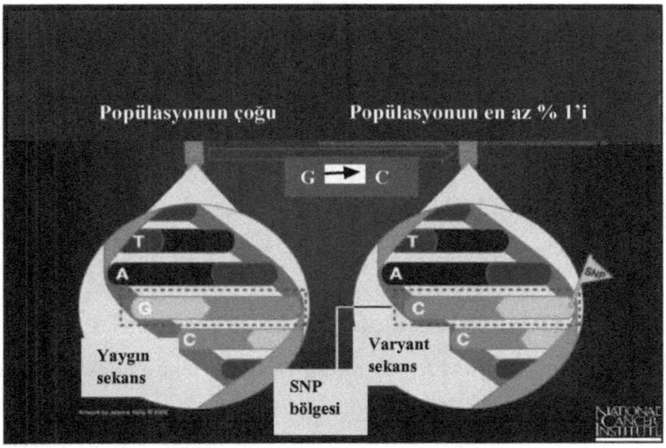

Şekil 1.14. SNP oluşumu (http://www.cancer.gov'dan derlenmiştir).

Delesyonlar: Dizi içerisindeki nükleotidlerin kırılarak ayrılmasıyla gen uzunluğu kısalır. Delesyonun meydana geldiği genin, protein kodlayan bir gen olması sonucunda protein eksik kodlanır; bu durumda proteinin fonksiyonunda bozukluklar meydana gelir (Emir ve Özden, 2006).

İnsersiyonlar: Dizi içerisine yeni nükleotidlerin eklenmesiyle genin uzunluğu artar. Delesyonun tam tersidir. İnsersiyon, protein kodlayan bir gende oluşursa proteinin aminoasit dizisinde artma meydana gelir (Emir ve Özden, 2006).

1.2.8. Polimeraz Zincir Reaksiyonu (PCR)

Polimorfik bölgelerin genotiplemesinde hangi yöntemin kullanılmasının daha iyi olacağı o bölgede ardışık tekrarlanan DNA sekans uzunluğuna bağlıdır. 20-40 baz çifti (bp) uzunluklu ardışık tekrarlanan sekanslar için "Southern Blot" uygun olurken; 2-4 bp uzunluklu olanlar için PCR tercih edilir (Housman, 1995).

PCR; *K. Mullis* tarafından 1983'te bulunan, 1985'de bilim dünyasına tanıtılan ve bilim adamına 1993'te kimya alanında Nobel ödülü kazandıran devrim niteliğinde bir metottur. Bu metot; *in vitro* DNA polimerazın kalıp iplikten komplementer (tamamlayıcı) yeni bir DNA ipliği sentezlemesi yeteneğine dayanır. DNA polimerazın bir nükleotidi önceden var olan 3'-OH grubuna ekleyebilme özelliğinden dolayı ortamda ilk nükleotidi ekleyecek bir primere ihtiyaç vardır. PCR sonunda spesifik sekansın milyarlarca amplikonu (kopya) bulunur. PCR; klonlama, genetik mühendisliğinde, tümör oluşumu ve kanser ilerlemesinin gözlenmesi gibi çeşitli alanlarda kullanılır. Reaksiyonun meydana gelebilmesi için gerekli olan bileşenler şunlardır:

- ✓ ***Kalıp (Şablon) DNA:*** Hedef dizilimi içeren DNA örneğidir. Reaksiyon başlangıcında orijinalde çift iplikli DNA molekülündeki iplikleri ayırmak için yüksek sıcaklık uygulanır.
- ✓ ***DNA Polimeraz:*** Hedef dizilime yeni DNA tamamlayıcı iplikler sentezleyen bir enzim tipidir. İlk ve en yaygın kullanılanı *T. Aquaticus*'dan elde edilen Taq DNA polimerazdır. *P. Furiosus*'dan elde edilen Pfu DNA polimeraz da kopyalama sırasındaki yüksek doğruluğu nedeniyle tercih edilir. Bu 2 enzimin özelliği; DNA kalıbı ve primerler kullanarak yeni iplikler sentezleyebilmeleri ve sıcağa dayanıklı olmalarıdır.

- ✓ ***Primer Karışımı:*** 18-22 bp uzunluğunda tek iplikli oligonükleotidlerdir. Her bölge için bir çift Forward (F) ve Reverse (R) primer bulunmalıdır. Primerler hedef sekansa tamamlayıcıdır (5' veya 3') Polimeraz, hep primerin sonundan yeni DNA sentezine başlar.
- ✓ ***Deoksiribonükleozidtrifosfatlar (dNTPs):*** A - G (pürin) ve T - C (pirimidin) bazlarıdır. Yeni DNA ipliğine blok oluşturmak için gereklidir.
- ✓ ***Tampon Karışımı:*** Tris, Magnezyum klorür ($MgCl_2$), Potasyum klorür (KCl), destile su, tuzlar (K/Na), iyonik olmayan deterjanlar (polisorbat 20, triton X vb.) ve bazı ayıraçlar (DMSO, asetamid, gliserol vb.)'ı içerir. Mg iyonu; tüm DNA polimerazların kofaktörüdür. PCR'da ürün spesifisitesini ve ürünlerin doğruluğunu sağlar. KCl; polimerazın sentez hızını arttırır. Deterjanlar; enzimi stabilize eder. Ayıraçlar ise kalıp DNA'nın erime sıcaklığını azaltır (Blaber, 1998; 5).

PCR; denatürasyon, bağlanma ve uzama olmak üzere 3 basamakta gerçekleşir.

- ***Denatürasyon:*** PCR'ın ilk basamağı olan denatürasyonda; kalıp DNA, DNA polimeraz, primerler, dNTP'ler ve tampon karışımı biraraya getirilir; çift iplikli DNA'nın birbirinden ayrılabilmesi için ortam sıcaklığı 93-95 ^{0}C arasında 1 dakika tutulur. Yüksek sıcaklıkta karşılıklı ipliklerdeki baz çiftleri arasındaki hidrojen bağları bozulur ve 2 iplik ayrılır.
- ***Bağlanma:*** 2. basamakta ortam sıcaklığı azaltılır ve 50-55 ^{0}C'ye düşürülür. Soğuyan DNA iplikleri aralarındaki hidrojen bağlarını yeniden yapar. Bunun olabilmesi için ise tamamlayıcı baz çiftlerinin doğru şekilde sıraya dizilmesi gerekir. Burada devreye primerler girer. Primerler kalıp sekansa bağlanır; DNA polimeraz çift iplikli substratı tanır. Bağlanma basamağı 45 saniye kadar sürer.
- ***Uzama:*** Son basamakta sıcaklık tekrar arttırılır ve 70-75 ^{0}C'ye getirilir. DNA polimeraz aktive olur ve primerlerin başladığı işi devam ettirerek hedef DNA sekanslarının tamamlayıcısını kopyalar (Taq polimeraz için 72 ^{0}C). Uzama basamağı 1-2 dakika sürer. İstenen ürün 3. çevrimde elde edilir. 3 basamağı kapsayan çevrim 30-40 kez tekrarlanır. 35 çevrim sonunda yaklaşık olarak 68 milyar hedef kopya elde edilmiş olur (Locke, 2011).

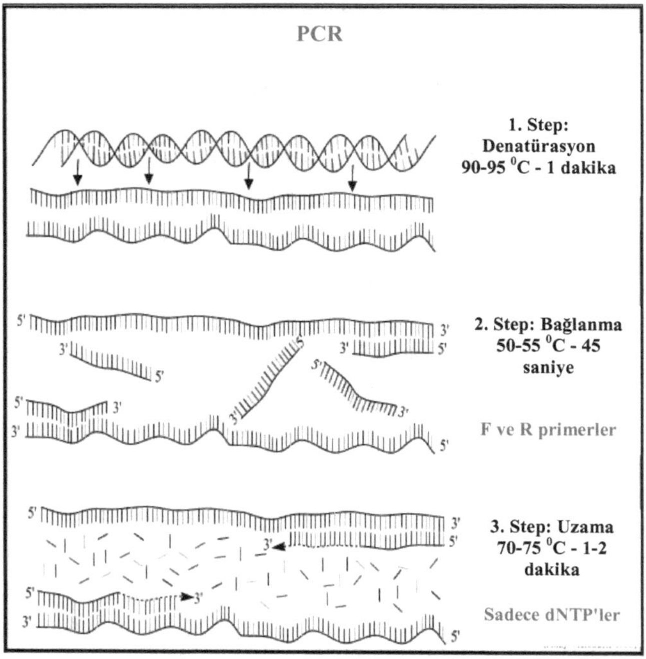

Şekil 1.15. PCR aşamaları (http://users.ugent.be'den derlenmiştir).

1.2.9. Restriksiyon Fragman Uzunluk Polimorfizmi (RFLP) Yöntemi

RFLP; restriksiyon enzimleriyle DNA'nın belirli bir bölgesinin kesilerek; kesilen farklı uzunluktaki DNA fragmanlarının agaroz jel elektroforez yöntemiyle sayısının ve büyüklüğünün tespit edilmesi tekniğidir (Phillips, 2012). RFLP'ler, moleküler göstergelerdir. Tek bir klona veya restriksiyon enzim kombinasyonuna spesifiktirler. Kısa ve tek-kopya genomik DNA veya cDNA (komplementer/tamamlayıcı DNA)'ların klonları RFLP probu olarak kullanılır (6).

RFLP tekniği, restriksiyon endonükleaz (RE) enzimleri aracılığıyla gerçekleşir. RE'ler spesifik DNA sekanslarını tanır; DNA çift ipliğini bu sekansa yakın bir bölgeden veya tam üzerinden ipliklerdeki şeker-fosfat bağlarını hidroliz ederek ayırır. Restriksiyon olayı bilinse de RE'lerin varlığı 1968 yılında *E. Coli* bakterisinde *Meselson* ve *Yuan* tarafından tanımlanmıştır. 1970'de de *Kelly, Smith* ve *Wilcox, H. Influenzae* bakterisinde RE'lerin varlığını tespit ettiler. Restriksiyon enzimleri moleküler yapı ve kofaktör ihtiyacına göre 3 sınıfa ayrılır:

- **Sınıf I:** Farklı alt ünitelerden oluşan 300 kDa moleküler ağırlığındaki RE'lerdir. Kofaktör olarak Mg^{+2}, adenozintrifosfat (ATP) ve S-adenozil-metiyonin (SAM)'e ihtiyaç duyarlar.
- **Sınıf II:** Aynı alt ünitelerden oluşan 20-100 kDa ağırlığındaki RE'lerdir. Kofaktör olarak sadece Mg^{+2}'ye ihtiyaç duyarlar.
- **Sınıf III:** Farklı alt ünitelerden oluşan 200 kDa ağırlığındaki RE'lerdir. Bu enzimlerin sınıf I'dekilerden farkı, kofaktör olarak Mg^{+2} ve ATP'ye ihtiyaç duyarken; SAM'ye ihtiyaç duymamalarıdır. En nadir olan RE sınıfıdır. RE'lerin DNA sekansını tanıyabilmesi için sekansın, DNA-baz metilasyonu oluşumu ile korunmaması gerekir. Bu durumda DNA-sekans-spesifik-metiltransferaz enzimleri devreye girer (Integrated DNA Technologies IDTutorial: Restriction Endonucleases, 2005).

PCR-RFLP tekniği sıklıkla; adli bilimciler tarafından parmak izi ve babalık testi çalışmalarında, tıp dünyasında belirli kalıtsal hastalıkların teşhisinde ve genetik mühendisliğinde genom haritalamada kullanılır (6).

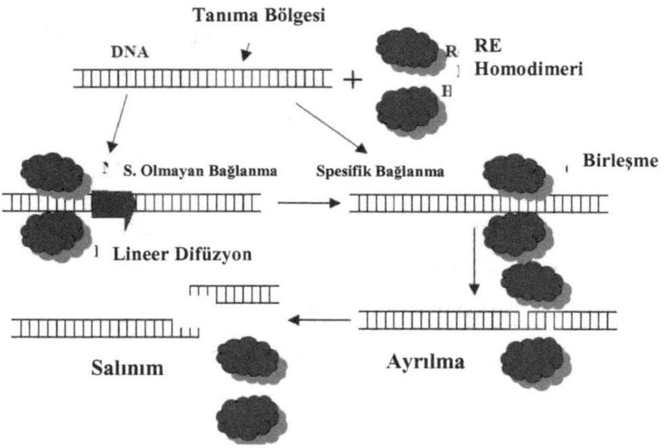

Şekil 1.16. Sınıf II RE restriksiyonunun sadeleştirilmiş şeması (Integrated DNA Technologies IDTutorial: Restriction Endonucleases, 2005'ten derlenmiştir).

1.2.10. ALAD Geni Kor Promotor Bölgesindeki SNP

ALAD geni, kromozom 9q34 üzerinde tek bir gen tarafından sentezlenir (Ajioka ve ark., 2006; Zheng ve ark., 2011). Genin moleküler lokasyonu; 116,148,591 bp'den 116,163,617 bp'ye kadardır ve gen; ALADH, HEM_2_HUMAN ve Aminolevülinat Hidrolaz gibi isimlerle de anılır. 15,9 kilobaz (kb) uzunluğunda olan ALAD geni (7); 1_A ve 1_B adı verilen birbirine geçmiş şekildeki 2 kodlamayan ekson ve 11 kodlayan eksona sahiptir (Ajioka ve ark., 2006). Promoter 1_A, tüm hücresel tiplerde görev alırken; promoter 1_B ise; sadece eritroid hücrelerinde görevlidir (Mijares ve ark., 2006). Translasyonel başlangıç bölgesi (ATG), 2. ekson üzerinde yer alır. Bir ön-işlem düzenleyicisi (housekeeping promoter), ekson 1_A'nın yukarı yönünde (upstream) bulunur. Bir ikinci eritroid-spesifik düzenleyici ise 1_A ile 1_B arasında bulunur. Eritroid-spesifik düzenleyici, GATA1 gibi eritroid-spesifik transkripsiyon faktörleri için birçok bağlanma bölgesi içerir. Ön-işlem düzenleyici ve eritroid transkriptleri birbirinden farklıdır, fakat her ikisi de özdeş proteinleri kodlar çünkü ekson 2'de aynı translasyonel başlangıç bölgesini paylaşırlar (Ajioka ve ark., 2006).

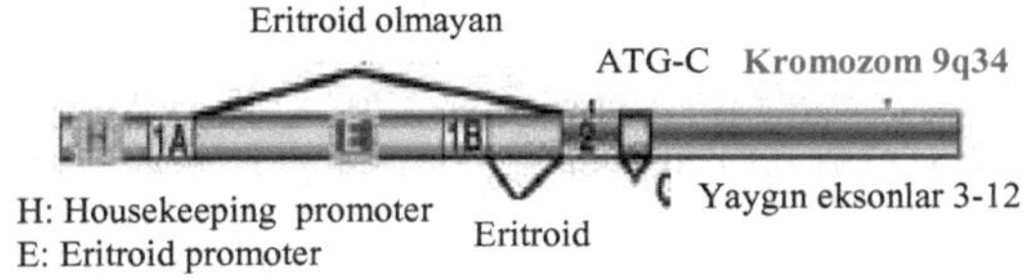

Şekil 1.17. ALAD geninin kromozom 9q34 üzerindeki konumu (Ajioka ve ark., 2006'dan derlenmiştir).

Enzimlerin çoğu gibi ALAD geni de polimorfiktir (Montenegro ve ark., 2006). Genin polimorfik olduğu 1981'de *Petrucci ve ark* tarafından keşfedilmiştir (Onalaja ve Claudio, 2000). ALAD geni üzerinde 8 adet gen varyantı tarif edilmiştir (Mijares ve ark., 2006; Skerfving ve Bergdahl, 2007, Chapter 31). Bu polimorfizmler içerisinde en yaygın ve popüler olanı; ALAD geninde ekson 4'te tespit edilen pozisyon 177'deki G→C transversiyonudur (dbSNP ID: rs1800435) (Weuve ve ark., 2006; Zheng ve ark., 2011). Bu transversiyon; $ALAD_1$ ve $ALAD_2$ şeklinde 2 kodominant allelin, $ALAD_{1\text{-}1}$, $ALAD_{1\text{-}2}$ ve $ALAD_{2\text{-}2}$ şeklinde 3 fenotipin ortaya çıkmasına neden olur (Shaik ve Jamil, 2008). 177. nükleotiddeki G-C sübstitüsyon, 59. kalıntıdaki lisin (lys) yerine asparajine (asn) oluşmasına neden olur (Kelada ve ark., 2001). Polimorfizm G→C transversiyonu sonucunda oluştuğu için; $ALAD_{1\text{-}1}$'e $ALAD^{GG}$, $ALAD_{1\text{-}2}$'ye $ALAD^{GC}$ ve $ALAD_{2\text{-}2}$'ye $ALAD^{CC}$ denilebilmektedir (Van Bemmel ve ark., 2011a).

AGG TAT GGT GTG AAG *CGG* CTG

tyr gly val lys arg ⟶ *MspI* (CCGG)

(asn)

56 57 58 59 60

Şekil 1.18. Nükleotid 177 üzerindeki G→C transversiyonu (Süzen, 2001).

Lisin, pozitif yüklü bir aminoasittir. Asparajin ise nötral bir aminoasittir. Bu yüzden homozigot $ALAD_{2\text{-}2}$ taşıyıcıları heterozigot $ALAD_{1\text{-}2}$ taşıyıcılarından, $ALAD_{1\text{-}2}$ taşıyıcıları da homozigot $ALAD_{1\text{-}1}$ taşıyıcılarından daha elektronegatif bir δ-ALAD üretir. Elektronegatiflikteki bu gibi farklar, polimorfizm ve fenotip belirlenmesi çalışmalarında elektroforetik tekniklerin kullanılmasının temelini oluşturur (Kelada ve ark., 2001).

$ALAD_2$ allelinin yaygınlığı % 0-20 arasında popülasyona bağlı olarak değişir. Yapılan etnik çalışmalara göre Kafkaslar, $ALAD_2$ allelinin en sık görüldüğü popülasyondur. Kafkas popülasyonunun; % 18'i $ALAD_{1-2}$ heterozigotunu ve % 1'i $ALAD_{2-2}$ homozigotunu taşır. Afrika ve Asya popülasyonları $ALAD_2$ allelini en az taşıyan toplumlardır. Bu popülasyonlardaki bireylerin ya çok azı $ALAD_{2-2}$ homozigotunu taşır ya da hiçbiri taşımaz (Çizelge 1.8.).

Çizelge 1.8. ALAD genotip sıklığının farklı popülasyonlardaki dağılımı (Süzen ve ark., 2004 makalesinden derlenmiştir).

Popülasyon	*Çalışmadaki Birey Sayısı (n)*	*$ALAD_1$*	*$ALAD_2$*
Liberya	296	1.00	0.00
Tayvan	660	0.98	0.02
Şili	175	0.98	0.02
Yunanistan	508	0.95	0.05
Amerika	1278	0.94	0.06
Polonya	300	0.94	0.06
Danimarka	1697	0.94	0.06
İspanya	500	0.92	0.08
Japonya	317	0.91	0.09
İsviçre	220	0.90	0.10
İtalya	762	0.90	0.10
Almanya	144	0.89	0.11
Türkiye	230	0.89	0.11
İsrail	306	0.80	0.20

ALAD genotiplerinin belirlenmesinde kullanılan ilk teknik *Battistuzzi ve ark* tarafından 1980'lerde geliştirilen "fenotipleme tekniğidir." Daha sonra 1991'de *Wetmur ve ark,* bulunduğundan beri çoğu araştırmacının tercih ettiği PCR'a dayanan "genotipleme tekniğini" buldular. Bu teknikte, $ALAD_1$ ve $ALAD_2$ polimorfik bölgesini içeren 916 bp'lik bir sekans çoğaltılır. RE *Msp*I ile kesilerek fragmanlar agaroz jelde yürütülür (Kelada ve ark., 2001).

1.2.11. δ- ALAD'ın Kurşun ile İlişkisi

δ-ALAD enzimi kurşun tarafından sitokiyometrik olarak inhibe edilir (Yang ve ark., 2012). Bazı araştırmacılar çok düşük kan-kurşun düzeylerinde dahi (1-5μg/dL) inhibisyonun gerçekleşebildiğini önerirken (Sakai, 2000; Ahamed ve ark., 2006); bazı araştırmacılar ise kurşunun δ-ALAD'ı düşük konsantrasyonlarda Zn gibi aktive edip; yüksek konsantrasyonlarda inhibe ettiği hipotezini önermiştir (Campagna ve ark., 1999). Kurşunun inhibisyonu; enzimin tiyol gruplarına direkt bir oksidasyondan ziyade aktif bölgedeki Zn^{+2}'nin yerine geçmesiyle olur. Pb^{+2}, Zn^{+2}'den daha iri olduğu için muhtemelen aktif merkezdeki aminoasit kalıntıları ve substratla düzgün bir etkileşim sağlayamaz (Rocha ve ark., 2012).

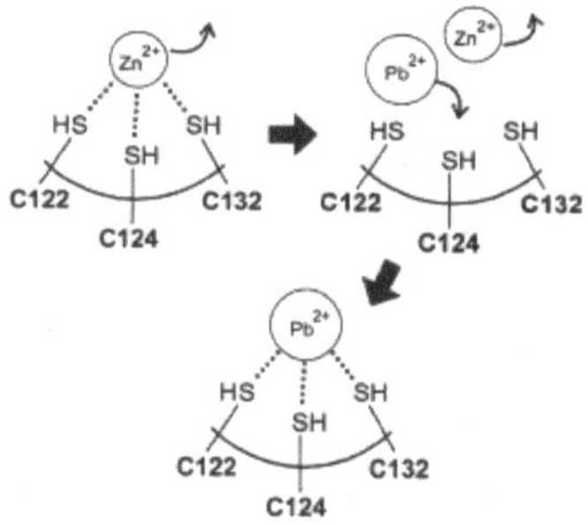

Şekil 1.19. δ-ALAD inhibisyonu sonucu Zn^{+2}'nin yapıdan ayrılması ve yerine Pb^{+2}'nin geçmesi (Rocha ve ark., 2012).

δ-ALAD aktivitesi, kurşun zehirlenmesinin en hassas göstergelerinden biridir (Süzen ve ark., 2004). ALAD genotiplerinin kurşuna afinitesindeki farkların, kurşun toksikokinetiğini modifiye edebileceği düşünülerek ALAD polimorfizmi ve kurşun toksisitesi arasındaki ilişkiyle ilgili çalışmalar yapılmaya başlanmıştır (Mijares ve ark., 2006). İlk çalışma, mesleki veya ev kaynaklı yüksek kan-kurşun düzeyleri üzerine popülasyonlardaki genotipin etkisini araştırmaya odaklanmıştır. 1986'da *Ziemsen ve ark,* genotip kaynaklı kan-kurşun düzeyi farklılıklarını tanımlayan ilk bilimciydiler. $ALAD_{2\text{-}2}$ genotipli kurşun işçilerinin $ALAD_{1\text{-}2}$ genotiplilerden; $ALAD_{1\text{-}2}$ genotiplilerin de $ALAD_{1\text{-}1}$ genotiplilerden daha yüksek kan-kurşun düzeylerine sahip olduklarını buldular.

1987'de *Astrin ve ark,* kurşundan zehirlenmiş bireylerde $ALAD_2$ alleli taşıyıcıları arasında kan-kurşun düzeyi 50 µg/dL'den veya serbest eritrosit protoporfirin düzeyi 30 µg/dL'den daha yüksek olanlarının oranını beklenenden daha fazla buldular. Ayrıca $ALAD_2$ allelinin, kan-kurşun düzeyi 30 µg/dL'den daha yüksek olduğu durumlarda kurşunu kanda tutabilme/alıkoyma yeteneğini 4 kat arttırdığını keşfettiler.

1991'de *Wetmur ve ark,* bir grup kurşun işçisi ile New York şehri çocukları üzerinde yaptıkları çalışmalarla; işçiler ile çocukların kendi aralarında kan-kurşun düzeylerinde belirgin farklılıklar buldular. Bu çalışmalarda, $ALAD_2$ alleli taşıyıcılarının kan-kurşun düzeyleri, $ALAD_1$ alleli taşıyıcılarından ortalama 9-11 µg/dL daha yüksekti.

Yapılan bu 3 çalışmanın her biri $ALAD_2$ izoziminin yükünü baz alan hipotezi destekles de çalışılan popülasyonlardaki bireylerin kan-kurşun düzeylerinin genelde 30 µg/dL'den daha yüksek olması (eskiden bu düzey kurşun zehirlenmesinin kanıtı olarak kabul edilirdi) göz ardı edilmemelidir. $ALAD_2$ izozimi hipotezi; $ALAD_2$ allelinin $ALAD_1$'den daha elektronegatif bir enzim kodlaması nedeniyle $ALAD_2$ enziminin pozitif yüklü Pb iyonunu $ALAD_1$'den daha sıkı şekilde bağlaması temeline dayanır. Kurşuna maruz kalan $ALAD_2$ alleli taşıyıcıları bu kurşunu kanlarında alıkoyabilir ve dokularında daha uzun süre tutabilirler. δ-ALAD inhibisyonu sonucu δ-ALA düzeyleri daha fazla artabilir. Yüksek δ-ALA düzeyi; oksidatif hasar oluşumu ve hücre bileşenlerinin yapısının değişimine neden olabilir. Kısacası ALAD polimorfizmi-kurşun ilişkisiyle ilgili ilk çalışmalardan şu sonuçları çıkarmak mümkündür: "ALAD genotipi, kurşunun kandaki kinetiğini modifiye edebilir ve $ALAD_{1-2}$ ve $ALAD_{2-2}$ genotipleri yüksek maruziyette riskli durumdadır. Fakat düşük maruziyetlerde bu etki önemsiz hale gelmektedir."

Bu çalışmalardan sonra 1995'te *Schwartz ve ark;* kurşun işçileri üzerinde yaptıkları araştırmayla $ALAD_2$ allelinin yüksek kan-kurşun düzeyleriyle açık bir ilişkisi olmadığını fakat $ALAD_2$ alleli taşıyıcılarının kan-kurşun düzeylerinin 40 µg/dL ve daha yüksek olması, $ALAD_1$'lilerden 2,3 kez daha olası olduğunu buldular. 6 yıldan daha fazla süre kurşuna maruz kalan işçilerde $ALAD_2$ genotipi ile Zn-protoporfirin düzeyleri arasında bir ilişki bularak $ALAD_2$ allelinin koruyucu bir etkisi olduğunu önerdiler. Yüksek maruziyet geçmişi olan $ALAD_2$ alleli taşıyıcısı işçilerinin aynı geçmişe sahip $ALAD_1$'lilerden daha düşük Zn-protoporfirin düzeyine sahip oldukları bulgusunun ışığında yazarlar; bunu olası bir genotip-seleksiyon faktörü olarak gördü. Proteinin $ALAD_2$ alt ünitesinin kurşunu biyolojik olarak kullanılamayan bir şekilde tuttuğunu yani kurşunun etkilerine karşı koruyucu etkiye sahip olduklarını ve $ALAD_1$ alleli taşıyıcılarından daha uzun süreli kurşun maruziyetlerini tolere edebildiklerini önerdiler. *Schwartz ve ark* 1997'de yaptığı diğer çalışmalarında, DMSA'yı kurşun akü işçilerinde kullanarak kurşunun genotip kaynaklı biyo-kullanılabilirliğinin farklarını test ettiler. Şelasyon terapisi sonucunda; aynı maruziyet geçmişine sahip $ALAD_{1\text{-}1}$ taşıyıcılarının idrar örneklerinin, $ALAD_{1\text{-}2}$ ve $ALAD_{2\text{-}2}$ taşıyıcılarınınkinden daha yüksek miktarda kurşun içerdiğini tespit ettiler. Bu bulgu; $ALAD_{1\text{-}2}$ ve $ALAD_{2\text{-}2}$ taşıyıcılarının, $ALAD_{1\text{-}1}$'lilerden daha az riskli durumda olduğunu öneriyordu. Ayrıca $ALAD_{1\text{-}1}$'li bireylerin plazmalarında daha yüksek düzeyde δ-ALA buldular. $ALAD_{1\text{-}1}$'lilerin plazmalarında daha yüksek düzeyde δ-ALA bulunması, *Sithisarankul ve ark* tarafından da desteklenmiştir. Benzer bulgular *Sakai ve ark* tarafından da tekrar edilmiştir. Yapılan bu 3 çalışma, 'yüksek δ-ALA düzeyi beyinde toksiktir' gerçeğinden dolayı $ALAD_{1\text{-}1}$'lilerin daha büyük bir nörolojik risk taşıdığını önermektedir. *Schwartz ve ark* ayrıca, hemoglobin A_1 seviyesinin $ALAD_{1\text{-}1}$'lilerde daha yüksek olduğunu gözlemleyerek δ-ALAD ve hemoglobin A_1'in şelatlanmış kurşunun atılımını etkileyen önemli kurşun-bağlayıcı bölgeler olduğunu önerdiler.

1994'te *Bellinger ve ark* düşük ve yüksek diş-kurşun düzeyleri üzerine bir çalışma yaparak, kurşunun vücut yükü ve etkilerinin $ALAD_1$ homozigotları arasında daha kötü olduğunu önerdiler. Ayrıca $ALAD_{1\text{-}2}$'li bireylerin, $ALAD_{1\text{-}1}$'lilerden daha düşük diş-kurşun düzeyine sahip olduğunu ve nöropsikolojik testlerde daha başarılı olduklarını gösterdiler.

1995'te *Smith ve ark,* araştırmalarında geçmişteki çalışmalardan farklı olarak düşük kan-kurşun düzeyli marangoz işçilerini kullandılar ve ALAD genotipiyle kan-kurşun düzeyleri arasında bir ilişki bulamadılar. Bu durum ALAD genotipinin yüksek kan-kurşun düzeylerinde modifiye edici olabileceğini düşündürür. *Smith* ve ark kemiklerdeki kurşun düzeyleriyle ilgili yaptıkları çalışmada, genotip ile tibial (kaval kemiği)/patellar (diz kapağı) kemikler arasında bir ilişki bulamasalar da $ALAD_{1-1}$ taşıyıcı bireylerinin alınan kurşunu $ALAD_{1-2}$ ve $ALAD_{2-2}$ taşıyıcı bireylerden daha fazla kortikal kemikte depoladığını gösterdiler. Bunun ise $ALAD_2$ allelinin kandaki kurşuna daha büyük afiniteyle bağlı olmasından kaynaklandığını hipotezlediler. Bu yüzden $ALAD_1$ homozigot taşıyıcıları uzun dönem maruziyetlerde kemiklerinde daha fazla oranda kurşun depoladıkları için hamilelik ve osteoporoz gibi durumlarda kemikten kana daha yüksek miktarda kurşun geçeceği için daha büyük bir riske sahipti. *Smith* ve ark, artan kan-üre nitrojen, ürik asit ve kreatinin düzeyleri nedeniyle $ALAD_2$ ve subklinik renal toksisite arasında da bir ilişki gözlemlediler.

1997'de *Bergdahl ve ark,* İsveç'teki kurşuna maruz kalan ve kalmayan işçiler arasında karma bir çalışma yaptılar. Bu çalışmada; $ALAD_{1-2}$ ve $ALAD_{2-2}$ genotipli bireylerde düşük üriner kreatinin ve kalsiyum düzeyi buldular. Fakat kurşun işçilerinde genotip ile kan, kemik ve idrardaki kurşun düzeyleri arasında bir ilişkiye rastlamadılar. Kurşun işçileri arasında $ALAD_2$ alleli taşıyıcı olanlar beklenenden azdı. Yazarlar bunu, yüksek kan-kurşun düzeyine ulaşan $ALAD_2$ alleli taşıyıcısı işçilerin İsveç Mesleki Sağlık Standartları gereği çalışma ortamından uzaklaştırılmasının bir sonucu olarak 'genetik sağlıklı işçi etkisinin' kanıtı olarak gördüler.

1998'de *Fleming ve ark;* kurşun döküm işçileri üzerinde bir çalışma yaparak $ALAD_1$ homozigotlu bireyler arasında kandan kemiğe kurşun geçişinin, $ALAD_2$ allelli bireylerden daha fazla olduğunu gözlemlediler. Bu çalışma, ALAD genotipinin kurşunun kandaki kinetiği üzerine bir etkisi olduğu görüşünü destekler nitelikteydi (Kelada ve ark., 2001). $ALAD_2$ allelini taşıyan çocuklarda daha düşük dentin-kurşun düzeyi gözlenmesi de allelin koruyuculuk hipotezini desteklemektedir (Skerfving ve Bergdahl, 2007, Chapter 31).

1998'de *Alexander ve ark* Kanada'daki kurşun işçileri üzerinde yaptıkları bir çalışmada; ALAD genotipinin sperm sayısı ve konsantrasyonu, kan-kurşun, Zn-protoporfirin, hem ve koporfirin düzeyleri üzerine etkisini araştırdılar. Bu çalışma neticesinde; 40 µg/dL ve üzerindeki kan-kurşun düzeylerinde $ALAD_1$ homozigotların önemli ölçüde daha yüksek Zn-protoporfirin ve koporfirin düzeylerine sahip olduklarını buldular. Bu bulgu, $ALAD_1$ homozigotlarında kurşuna maruziyet sonrası daha fazla oranda hem sentezi inhibisyonu gözlendiğini öneriyordu.

2000'de *Hsieh ve ark* Tayvan'daki bir popülasyonda yaptıkları çalışmada; $ALAD_{1-2}$ ve $ALAD_{2-2}$'li bireylerde kan-kurşun düzeylerini $ALAD_{1-1}$'lilerden % 20 daha fazla buldular. Fakat bu veri istatistiksel olarak anlamlı değildi. Yazarlar bunun, $ALAD_2$ allelinin çalışmada az sayıda olmasından kaynaklandığını ve Tayvan'da genel olarak kan-kurşun düzeylerinin düşük olmasının nedeninin $ALAD_2$ allelinin nadirliğinden ileri geldiğini önerdiler (Kelada ve ark., 2001).

ALAD polimorfizmi, kurşunun ürik asit atılımı ve genel böbrek fonksiyonları üzerindeki etkisini modifiye edebilir (Wu ve ark., 2003; Gao ve ark., 2010). U-NAG, tübüler hücre toksisitesinin ve subklinik böbrek hasarının lizozomal bir göstergesidir. Yapılan bir çalışmada; U-NAG, kan-kurşun düzeyleri ile ilişkili çıkmıştır. Çalışmada ayrıca ALAD polimorfizminin, kurşunun ürik asit üzerindeki etkisini nasıl modifiye edebildiği sorusu irdelenmiş; kurşun-$ALAD_2$ alt ünite kompleksinin, kurşun-$ALAD_1$ alt ünite kompleksinden daha toksik olma olasılığıyla ALAD genotipinin modifiye edici etkisi açıklanmaya çalışılmıştır. Yatkınlığın; farklı dokularda, farklı kurşun formlarının biyo-kullanılabilirliklerinin ne kadar farklı olduğuyla ilgisi olduğu görüşü savunularak $ALAD_2$ genotipinin yalnızca kurşunun nörofizyolojik etkilerine karşı koruyucu olabileceği önerilmiştir. Kurşun maruziyeti sonrası, $ALAD_2$ alleli taşıyıcılarının dikkat testlerinde $ALAD_1$'lilerden daha iyi performans göstermesi de bunun kanıtı olarak sunulmuştur (Wu ve ark., 2003).

$ALAD_2$ alleli, kanser ve diğer nedenlerden ölüm riskine karşı koruyucu bir etkiye sahip olabilir. δ-ALAD'ın, CF_2 görevi tanımlanmış olsa da δ-ALAD izozimlerinin bu tanımdaki yeri bilinmemektedir. δ-ALAD'ın bir metalloprotein olduğu da düşünülebilir. Yüklü lisinin nötral asparajine değişimi, enzimin yalnızca Pb'yi değil Zn ve Mg gibi metalleri bağlamasında da değişikliklere yol açabilir (Van Bemmel ve ark., 2011a).

ALAD polimorfizmi ile beyin tümörü riski ve renal hücre karsinoması (RCC) arasında bir ilişki olup olmadığına yönelik olarak yapılan çalışmalarda; $ALAD_{2\text{-}2}$ genotipini taşıyan bireylerde menenjiyom (beyin zarı tümörü), ALS ve diğer hastalıklarda artan bir risk olduğu, kurşun maruziyetinin RCC riskini arttırdığı ve bu riskin bazı ALAD genotipleri tarafından modifiye edildiği gözlenmiştir (Montenegro ve ark., 2006; Van Bemmel ve ark., 2011b). Brezilya'da yapılan bir çalışmayla; beyazların siyahilerden çok daha yüksek sıklıkta $ALAD_2$ allelini taşıması, beyazların toksisite ve beyin tümörüne karşı siyahilerden daha yatkın olduğu sonucu çıkarılabilir (Montenegro ve ark., 2006).

Kurşun kaynaklı δ-ALAD inhibisyonu, oksidatif stresin nedeninin belirleyicisi olabilir (Ahamed ve ark., 2006). $ALAD_2$ alleli taşıyan yaşlı bireyler; kavrayışsal fonksiyonlar üzerinde etkili olan hastalık durumlarında düşük düzey kurşun maruziyetinde bile advers etkilere daha yatkın olabilirler (Weuve ve ark., 2006).

ALAD genotipi ve öz-farkındalık arasındaki ilişkiyi araştıran sınırlı sayıda çalışma vardır. Bu çalışmalardan birinde insomni, baş dönmesi, dalgınlık ve abdominal ağrının; kurşun işçilerinde görülen ana belirtiler olduğu belirlenmiş; $ALAD_{1\text{-}2}$ genotipli bireylerde bu belirtilerin, $ALAD_{1\text{-}1}$ genotiplilerden çok daha sık olduğu gözlenmiştir. Çalışmada; $ALAD_2$ alt ünitesinin kurşunu biyolojik olarak kullanılamayan bir şekilde muhafaza ettiği, bu yüzden $ALAD_2$ alleli taşıyan bireylerin kurşunun etkilerinden korunduğu ve $ALAD_1$ alleli taşıyanlardan daha uzun süreli maruziyetleri tolere edebildiği önerilmiştir (Yang ve ark., 2012).

Yapılan bir araştırmada; hamileliğin, ALAD gen polimorfizminin etkisinde bile plazma-kurşun ve % plazma-kurşun/kan-kurşun oranını önemli ölçüde arttırdığı gözlenmiş ve $ALAD_{1\text{-}1}$ genotipli hamile kadınların tam kan-kurşun düzeyi hamile olmayanlara oranla daha düşük, plazma-kurşun düzeyi ise 2 kat yüksek bulunmuştur (Montenegro ve ark., 2008). Kurşun toksisitesinin daha iyi anlaşılabilmesi adına 241 anne ve bebeği üzerinde yapılan bir başka çalışmada; kan-kurşun düzeyi ve tam kan δ-ALAD aktivitesi arasındaki ilişki çalışılmıştır. Anne kanının kordon kanından daha yüksek kurşun düzeyine sahip olması ve aralarında önemli bir korrelasyon olması, kurşunun plasenta aracılığıyla fetüse transfer olduğunu göstermektedir. δ-ALAD, kordon kanında daha aktiftir ve anne kanı, kordon kanı ve δ-ALAD aktiviteleri önemli ölçüde ilişkilidir (Campagna ve ark., 1999).

ALAD genotipi; hem kurşunun hematolojik yolaktaki toksikokinetiğini etkileyebilir, hem de kurşun maruziyetindeki anemi oranını modifiye edebilir (Kim ve ark., 2004). $ALAD_2$ genotipi, kan basıncındaki artışla ilişkili bulunmuştur (Zheng ve ark., 2011).

$ALAD_2$ alleli taşıyan bireyler, kurşunu kanlarında daha çok alıkoyabiliyorsa organlarını kurşundan daha iyi bir şekilde koruyabilirler. Dolayısıyla daha az kurşun kemiğe geçeceğinden $ALAD_1$ alleli taşıyan bireyler, beyin, kemik ve hemopoez etkilerini daha ciddi boyutlarda yaşabilir. ALAD polimorfizmiyle ilgili hayvan ve insan çalışmaları; bu polimorfizmin, kurşunun tüm dokulara dağılımında ve birikiminde önemli bir rol oynadığını önermektedir (Onalaja ve Claudio, 2000).

Erkeklerde mevcut ve birikmiş vücut kurşun yükü ile psikiyatrik belirti riski arasında zararlı bir ilişki gözlenmiş ve bu ilişkinin, ALAD polimorfizmi tarafından modifiye edilebildiği önerilmiştir. Kurşun, psikiyatrik semptom gelişimi için potansiyel bir risk faktörü olabilir (Rajan ve ark., 2007).

ALAD polimorfizmlerinden yalnızca G177C polimorfizmi değil, bilinen diğer 7 polimorfizminin de kurşuna yatkınlığı etkileyip etkilemediği araştırılmalıdır (Fujihara ve ark., 2009).

1.2.12. ALAD Polimorfizmi-Kurşun İlişkisinde Etkileşimler ve Diğer δ-ALAD İnhibitörleri

ALAD genotipinin yanı sıra gen-çevre ve gen-gen etkileşimlerinin de toksik maddelerin etkilerine karşı sinerjik bir etkiye neden oldukları düşünülebilir (Kelada ve ark., 2001).

1.2.12.1. Gen ile Çevresel, Fizyolojik ve Biyolojik Etkileşimler

DNA tekniklerindeki gelişmeler, insan popülasyonlarında gen-çevre etkileşimine yeni bakış açıları getirmiştir. Bu etkileşimlerde en önemli enzimlerden biri δ-ALAD'dır (Süzen, 2001). Genotipi ne olursa olsun erkeklerde genelde kadınlardan daha yüksek kan-kurşun düzeyine rastlanır. Bunun nedeni erkeklerin, kadınlardan daha yüksek hematokrit düzeyine sahip olmasıyla açıklanabilir (Sobin ve ark., 2011). Sigara tüketiminin, kan-kurşun düzeyi ve δ-ALAD aktivitesi üzerine etkisi erkekler ve kadınlarda farklıdır. Erkeklerde, yüksek kan-kurşun düzeyi ve düşük δ-ALAD aktivitesinin sigara tüketimiyle ilişkisinin olmadığı; kadınlarda ise sigaranın tam tersi bir etkiye neden olduğu önerilmektedir.

Hayvanlarda yapılan çalışmalar sonucu alkolün δ-ALAD'ı inhibe ettiği kanıtlanmıştır. Alkol; kan, karaciğer ve böbreklerdeki δ-ALAD aktivitesini azaltır. İnsanlarda ise; alkol tüketmeyenlerle düzenli alkol tüketenler ile erkek ve kadınlar arasında aktivite farkları gözlenmiştir. Alkol, düzenli tüketenlerde δ-ALAD'ı daha çok inhibe eder. Kadınlarda alkol tüketimi, kan-kurşun düzeyini arttırır ve δ-ALAD aktivitesini azaltır (Wang ve ark., 2010). Alkolün karaciğer Glutatyon (GSH) düzeyinde azalmaya sebep olması, δ-ALAD aktivitesindeki değişime katkıda bulunabilir. *Abdulla ve ark.;* 1976'da δ-ALAD'ın Zn tarafından aktive olmasının, ratlarda alkol kaynaklı δ-ALAD inhibisyonunun etkisini yok ettiğini göstermişlerdir. Sonraları ditiyotreitolün (DTT), reaktivasyonda Zn iyonlarından daha iyi olduğu keşfedilmiştir (Doss ve ark., 2000). Kurşunun inhibe edici etkisi Zn^{+2}/DTT ilavesi veya ısıtmayla tersine çevrilebilir (Sakai, 2000). Pb inhibisyonunun ortadan kaldırılabilmesi, onun *in vivo* ve *in vitro* tersinir olduğunun kanıtıdır (Rocha ve ark., 2012).

Yüksek oranda kalsiyum alan çocuklarda, kan-kurşun düzeyleri almayanlara göre daha düşük çıkmıştır. Deney hayvanları üzerinde yapılan çalışmalarla kalsiyum alımının kurşunun absorpsiyonunu azalttığı kanıtlanmıştır. Ayrıca oruçluyken insanların daha fazla kurşun absorplamaları; Ca, P, Fe ve Zn gibi temel besinsel alımın toksisite üzerinde önemli bir etkisinin olduğunu gösterir (Telisman ve ark., 2000; Kelada ve ark., 2001). Yapılan bir çalışmada; serum Ca, Fe ve Zn düzeylerinin ALAD genotipine etkisi de araştırılmış ve $ALAD_{1-2}$ genotipli bireylerin serum Ca, Zn ve Fe düzeyleri, $ALAD_{1-1}$'lilerden daha yüksek çıkmıştır. Demirin, kurşun kaynaklı hiperaktivite ve dikkat dağınıklığına karşı nöro-koruyucu bir faktör olabileceğine dair kanıtlar vardır. Çinko, kurşun zehirlenmesini önleyebilen önemli bir esansiyel elementtir. *Batra ve ark* çinko alımının, kurşun kaynaklı hücre içi testiküler hasarı iyileştirebildiğini bulmuşlardır (Yang ve ark., 2012).

Anne sütü, düşük düzeyde Fe ve Cu içerir. İki element de bebek için çok önemlidir. Annenin kurşuna maruz kalması, sütündeki Pb düzeyinin artmasına ve Cu düzeyinin azalmasına neden olur (Goyer, 1997).

Çocuklar, kan beyin bariyerlerinin tamamlanmamış olması, sindirim sistemi yoluyla olan absorpsiyonlarının yetişkinlerden daha fazla olması ve yoğun kemik dokusu oranlarının yetişkinlerden daha az olması nedenleriyle kurşun toksisitesine daha yatkındır (5). Ayrıca ileri yaşlarda birikimden dolayı yine toksisiteye yatkınlık artabilir. Yaz aylarında güçlü güneş ışınlarının D vitamini oluşumunu arttırması ve sıcaklığın yükselmesi nedeniyle toksisiteye yatkınlık artabilir.

Hemoglobin S ve C, talasemi, Glukoz-6-Fosfat-Dehidrojenaz eksikliği, kronik renal hastalık ve ünilateral refrektomi kurşun toksisitesine yatkınlığı arttırabilen hastalıklardır (Goyer ve Mahaffey, 1972).

Alloksan ve streptozotozin (STZ) indüklü olanlar gibi tip1 diyabet modellerinden bazılarında, hayvanlarda ve insanlarda benzer olarak δ-ALAD inhibisyonu belirlenmiştir. Diyabet dışında obezite, hipotiroidizm, hiperglisemi, kanser, parasetamol intoksikasyonu, bitkinlik ve sepsis gibi bozukluklar da δ-ALAD inhibisyonuyla ilintili çıkmıştır.

Protein oksidasyonu yaşlanma ve yaşla ilgili durumlarda meydana gelen doğal bir olaydır. Yaşlanmanın serbest radikal teorisi; yükseltgenmiş protein, lipit ve DNA'nın yüksek artışını baz alır. Yaşlanma ve oksidatif hasar oluştuğunda, δ-ALAD, oksidatif stresin hedefi haline gelebilir. Enzimin inhibisyonu sonucu oluşan serbest radikaller ALA enoil radikali ve 4,5-Dioksovalerik Asit (DOVA), δ-ALA oksidasyonunun son ürünleridir. Bu radikaller, hücresel antioksidan dengesini bozar (Rocha ve ark., 2012). δ-ALA dışında, oksihemoglobin de ROS oluşumunu sağlayarak oksidatif strese neden olabilir (Lee ve ark., 2005).

Kurşun indüklü oksidatif stresin azaltılmasında antioksidan terapisinin faydaları vardır. B_6 vitamini, GSH biyosentezini indükleyerek dolaylı bir antioksidan özellik gösterir. E vitamini, kurşun indüklü oksidatif strese karşı iyi bilinen bir antioksidandır. C vitamini, şelatörlerle birlikte tek başına veya tiaminle beraber; Etoksikuin de büyümeyi inhibe ederek antioksidan özellik kazanırlar. Se, Süperoksit Dismutaz (SOD) ve Glutatyon Redüktaz (GR) aktivitelerini ve GSH düzeylerini arttırarak hücrelerin antioksidan kapasitesine katkı sağlar. SAM, GSH'ın prekürsörüdür. SAM, beyin kurşun yükünü azaltarak ve kurşun+etanol indüklü oksidatif stresi hafifleterek antioksidan özellik gösterir. α-Lipoik Asit (LA)'in Kurşun indüklü oksidatif strese karşı neredeyse hiç antioksidan özelliği yoktur. Kaptopril ise hem iyi bir antioksidan hem de iyi bir antihipertansif ajandır. N-Asetilsistein (NAC), GSH'ın Glutatyon Disülfite (GSSG) oranını arttırarak δ-ALA'ya maruz kalmış hücrelerde şelasyondan bağımsız bir antioksidan fonksiyon gösterir. Taurin, GSH düzeyini arttırıp Malondialdehit (MDA) düzeylerini azaltarak antioksidan özellik gösterir (Gurer ve Ercal, 2000).

δ-ALAD'ın katalitik aktivitesi, oksitleyici ajanlar ve oksidatif stresle bağlantılı durumlara (diabet, kanser ve hemodiyaliz) karşı çok hassastır. Hemodiyaliz, serviks (rahim ağzı) kanserinde ve kemik iliği transplantasyonu sonrası; kan δ-ALAD'ı inhibe olur. Protein oksidasyonu, Alzheimer Hastalığı (AD) ve Parkinson

Hastalığı (PD) gibi yaşla bağlantılı hastalıklarda yaygın bir gözlemdir. AD; hem biyosentez yolağındaki bazı enzimlerin (ALAS ve PBGD) ekspresyon düzeylerini azaltır ve içerdiği amiloid-β proteini, heme bağlanarak hem eksikliğine neden olur. AD ve PD'de δ-ALAD aktivitesi henüz test edilmemiştir. Bu enzim, yaşla bağlantılı AD ve PD gibi hastalıkların oksidatif durumlarıyla ilgili önemli bilgiler verebilir (Rocha ve ark., 2012). Otizmin (AU) kurşunla ilişkisi üzerine yapılan çalışmalarda, nörotoksik olmasına karşın kurşunla AU arasında herhangi bir ilişki bulunamamıştır (Tian ve ark., 2011).

Du-zhong kabuğu (*Eucommia ulmoides* oliv.); Asya'da geleneksel olarak kan basıncını azaltmak, kasları güçlendirmek, düşükleri önlemek ve uzun ömür için kullanılan bir halk ilacıdır. Du-zhong; flavonoid ve polifenoller gibi birçok antioksidan bileşik içerir. Yapılan bir çalışma; Du-zhong ekstraktının, plazma-kurşun düzeyini azalttığını, kurşun zehirlenmesine karşı bir detoksifikasyon özelliği gösterdiğini, hepatik ve kan δ-ALAD aktivitesini ve eritrosit antioksidan savunma sistemini arttırdığını göstermiştir. Du-zhong, kurşun kaynaklı lipit peroksidasyonuna bağlı oksidatif stresin iyileştirilmesine yardımcı olabilir (Lee ve ark., 2005).

δ-Florolevülinik asit (δ-FLA) ve Levülinik asit (LA) iyi δ-ALAD inhibitörleridir. 4,7-Dioksobazik asit (DOSA) ve stiren de δ-ALAD'ı inhibe eder (Frere ve ark., 2002).

1940'larda nükleer reaktörler ve floresan lambalarda kullanılan berilyum klorürün ($BeCl_2$) immün sistemi hassaslaştırıcı etkisi vardır. $BeCl_2$; hamileliğin ileri döneminde artan Zn-proto düzeylerini baskılar. Hematopoetik sistem üzerinde toksik etkileri olduğu düşünülen $BeCl_2$'ün bu sebeple δ-ALAD aktivitesini de azalttığı önerilmiştir (Sakaguchi ve ark., 2007).

Grup 13 elementleri olan alüminyum (Al), galyum (Ga), indiyum (In) ve talyum (Tl) önemli endüstriyel bileşiklerdir. Al^{+3}, Ga^{+3} ve In^{+3}, Zn^{+2} ile yarışarak δ-ALAD'ı inhibe ederler. In^{+3} ve Tl^{+3}, enzimin sülfidril gruplarını oksitleyerek direkt inhibisyona neden olurlar (Rocha ve ark., 2004). Ayrıca Sn^{+2}, As^{+3}, Bi^{+3}, Se^{+4} ve tellür (Te^{+4}) gibi yumuşak elektrofillerle δ-ALAD'ın visinal tiyol grupları arasında güçlü bir etkileşim vardır. As^{+3} ve Cd^{+2}'nin enzimin inhibisyonunu arttırıcı veya azaltıcı etkisi vardır. Etkileşimde maruziyet süresi ve maruz kalan doku önemlidir (Rocha ve ark., 2012).

Bitkiler üzerine yapılan bir çalışmada; sülfidril doğasından ötürü ağır metallere karşı hassas olduğu bilinen δ-ALAD'ın aktivitesi üzerine Cd, cıva (Hg), Zn ve Pb'nin etkileri araştırılmış ve δ-ALAD üzerinde Cd^{+2}, Hg^{+2} ve Zn^{+2}'nin, Pb^{+2}'den daha inhibe edici etkilerinin olduğu görülmüştür (Morsch ve ark., 2002).

Bir organo-kalkojen olan difenil diselenit $(PhSe)_2$, ratlarda sepsis (kan zehirlenmesi) kaynaklı δ-ALAD inhibisyonuna karşı koruyucu bir etkiye sahip değildir (Prauchner ve ark., 2011). Aksine hepatik δ-ALAD'ı inhibe edici etkisi vardır (Fachinetto ve ark., 2006). $(PhSe)_2$ ve analogları kloro ve triflorometil diaril diselenitlerin; kemirgenlerde periferal dokulardaki δ-ALAD'ı inhibe ettiği ve sistemik ve hepatik toksisiteye neden olduğu görülmüştür. Bu bileşiklerin dışında ebselen/difenil ditellürit, renal ve hepatik toksisiteye neden olabilir (Rocha ve ark., 2012).

Bravo ve ark; uzun dönem kurşun maruziyetinin, $ALAD_2$ allelinin sıklığını arttırıcı yönde bir seçici baskı yaptığı hipotezini öne sürmüşlerdir. Bu görüşe göre İtalyan, İsrailli, İspanyol ve Türk popülasyonlarındaki $ALAD_2$ alleli sıklığının diğer popülasyonlardan oldukça yüksek olmasının nedeni; İtalya, İsrail, İspanya ve Türkiye'de tarihi kurşun ocaklarının bulunması olabilir (Fujihara ve ark., 2009).

1.2.12.2. Gen - Gen Etkileşimleri

VDR ve HFE'yi kodlayan genler de polimorfiktir ve son zamanlarda kurşun zehirlenmesine yatkınlıkla ilişkili oldukları görüşü yaygınlaşmaktadır.

Kurşunla kalsiyum arasındaki etkileşim, kalsiyum bağlayıcı proteinler aracılığıyla olur. Kurşun, kalsitriol D vitamini reseptörüne bağlandığı için VDR üzerindeki genetik varyantlar bu yolakta önemlidir. VDR'deki yaygın bir polimorfizm olan

*Bsm*I polimorfizminin, kemik mineral yoğunluğunu etkilediği kanıtlanmıştır. VDR polimorfizminin kurşun toksisitesindeki etkisine dair *Schwartz* ve ark tarafından yapılan 2 çalışmadan ilkinde; VDR genotipinden kaynaklı kemik-kurşun düzeylerinde küçük farklılıklar gözlenmiş, ikincisinde ise VDR genotipinin kan-kurşun düzeyleri üzerinde ALAD genotipinden daha büyük farklara neden olduğunu buldular (Kelada ve ark., 2001). VDR, ALAD ve Endotelyal Nitrik Oksit Sentaz (*e*NOS) genotipleri kurşunun böbrekler üzerine etkisinde modifiye edici özelliktedir ve bu modifiye edici özellik en çok VDR'de, sonra ALAD'da, en az da *e*NOS'ta bulunur (Weaver ve ark., 2006). VDR, ALAD ve *e*NOS'un böbrekler dışında birçok organda kurşun düzeylerini modifiye etmede etkileşime girdiği önerilmektedir (Scinicariello ve ark., 2007).

Kalsiyum gibi demir eksikliği de kurşunun toksik etkileri ve absorpsiyonunu arttırır. Ferritin, demir yerine kurşunu bağlar ve demir eksikliğine bağlı anemili bireyler arasında ferritin düzeyleri yükselir. Hemokromatozu azaltan HFE polimorfik alleline sahip bireylerde, yaygın tip HFE'ye sahip bireylerden daha fazla oranda kan-kurşun düzeyine sahip olduğu önerilse de yapılan diğer çalışmalar bu görüşü desteklememiştir (Kelada ve ark., 2001).

MT gen polimorfizminin metal metabolizması üzerine etkisi az çalışılmış bir konudur. Metal düzenlenmesi, oksidatif stres ve kimyasallara karşı koruma, fiziksel ve psikolojik strese adaptasyonda görevli olan MT'lerin nörokoruyucu etkisi olduğu düşünülmektedir (Gundacker ve ark., 2009). MT'ler, Zn ve Cd'dan daha az da olsa Pb tarafından indüklenir. Pb, Zn/Cd tarafından stimüle edilen MT'lere bağlanır. Pb-tiyonein oluşur. Yapılan bir çalışmada; Zn-tiyonein I ve II'nin, Pb'ye bağlandığı belirlenmiş ve MT'nin kurşun indüklü inklüzyon cisimciklerinin oluşumunda görev aldığı görüşü desteklenmiştir (Gonick, 2011).

Mineralizasyonda inhibitör olarak görev yapan Matriks γ-Karboksiglutamik asit (MGP), kıkırdak ve diğer yumuşak dokulardaki kalsiyum iyon fonksiyonunu baskılar. Kurşun ve kalsiyum vücutta yarış halinde olduğundan aynı absorbsiyon yolağına sahiptir. MGP'nin kalsifikasyondaki rolü, genin kemik oluşumundaki önemini gösterir. MGP polimorfizmi, kurşun toksisitesinin moleküler temelini anlamada önemli olabilir (Shaik ve ark., 2009). Genetik polimorfizmlerden doğan arkaplan, çevresel maruziyetlerde genellikle genetik olmayan arkaplandan daha zayıf etkilere sahiptir (Gundacker ve ark., 2009).

1.3. Atomik Absorpsiyon Spektroskopisi (AAS)

1.3.1. Giriş

Spektroskopi; çeşitli ışınların maddeyle etkileşimini inceleyen bilim dalıdır. En çok kullanılan spektroskopik yöntemler elektromanyetik ışımaya dayanır. Bu ışımalar; ısı, ışık, gama (γ), X, ultraviyole (UV), mikrodalga ve radyo frekans ışınlarıdır. Işın enerjisinin absorbsiyonu, emisyonu ve hareketiyle ilgili olayların açıklanmasında "dalga modeli" (dalga boyu (λ), frekans (ν), hız (v), genlik (A) ile açıklanması) ve "foton modeli" (ışının, foton denilen parçacıklar/dalga paketleri olarak davranması) kullanılır.

İlk olarak 1900'de *M. Planck* tarafından önerilen kuantum teorisi temelde 2 maddeye dayanır:

- ✓ Atom, iyon veya moleküller; yalnızca belirli enerji durumlarında bulunabilirler. Bu hallerini değiştirerek başka bir enerji durumuna geçtiklerinde ise bu 2 enerji durumu arasındaki farka eşit bir enerji yayar/absorblarlar.
- ✓ Bu 2 enerji durumu arasında absorblanan/yayılan ışının frekansı, dalga boyu ve enerjileri için "E_1-E_0 (enerji farkı) = h.ν = h.c/ λ" eşitliği geçerlidir. Eşitlikteki c, ışık hızı; h ise planck sabitidir.

Işının emisyonu; X-ışını ve elektron bombardımanı gibi uyaranlarla uyarılmış atom, iyon veya moleküllerin daha düşük enerji durumuna dönerken fazla enerjilerini foton şeklinde dışarı vermesiyle ışın oluşmasıdır. Işının absorbsiyonu ise; atom, iyon veya moleküllerin bulundukları temel halden herhangi bir uyaranla uyarılarak çok daha yüksek enerjili durumlara çıkması olayıdır. Işın; atomik, moleküler ve manyetik alanla absorbsiyona uğrayabilir.

Absorbsiyon yöntemlerinde en önemli terimler; geçirgenlik (T) ve absorbans (A)'tır. Işın absorblayan atom/moleküllerin etkileşimleri sonucu ışının gücünün P_0'dan P'ye azalmasının oranı geçirgenliği verir ($T=P/P_0$). Ortamın absorbansı ise geçirgenliğin logaritmasıdır ($A=-\log_{10}T=\log P_0/P$). Absorbans aynı zamanda ışının yolu ve türün değişimi ile doğru orantılıdır. Buna *'Lambert - Beer Yasası'* denir ($A=\varepsilon.b.c$). Bu yasada; ε; λ'ya bağlı molar absorptivite katsayısını, b; ışın yolunu ve c; konsantrasyonel değişimi simgeler (Skoog ve ark., 1998, s.: 116-140).

1.3.2. Cihazın Çalışma Prensibi

Atomik Absorpsiyon Spektroskopi (AAS) cihazının çalışma prensibi; kalitatif analizlerde kullanılan *'alev testi'* ile aynı temele dayanır. Metal çözeltilerinin, Bunsen bekinde yüksek sıcaklığa maruz bırakılması sonucu karakteristik bir renk gözlenir. İyon haldeki metaller alevde gaz haldeki metal atomlarına indirgenirler. Alevin yüksek sıcaklığı valens (değerlik) elektronlarından birini daha yüksek bir enerji orbitaline uyarır. Daha sonra atom eski enerji orbitaline düşerken görünür ışık şeklinde enerji yayar. AAS; su, toprak, biyolojik sıvılar, yiyecek ve bulamaç gibi örneklerden elde edilen çözeltiler içindeki elementin temel durumdaki atomlarının monokromatik ışınları Lambert-Beer Yasasına göre absorblaması ilkesine dayanarak elde edilen bir kalibrasyon eğrisinden konsantrasyonunun belirlenmesini sağlar. Fakat oksidasyon durumu (Fe^{+2}/Fe^{+3} gibi) belirlenemez (Erxleben, 2009).

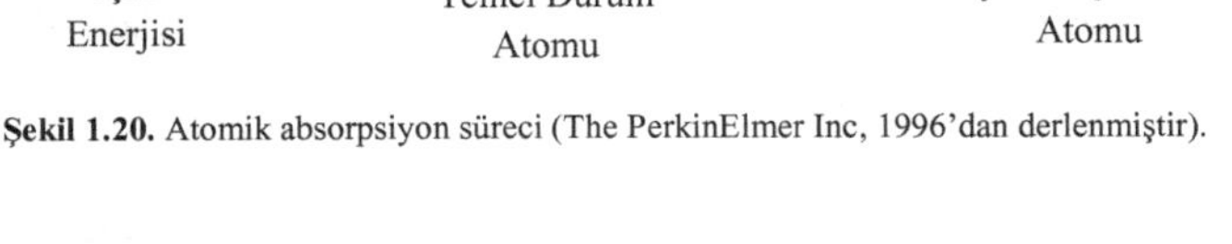

Şekil 1.20. Atomik absorpsiyon süreci (The PerkinElmer Inc, 1996'dan derlenmiştir).

1.3.3. Cihazın Yapısı

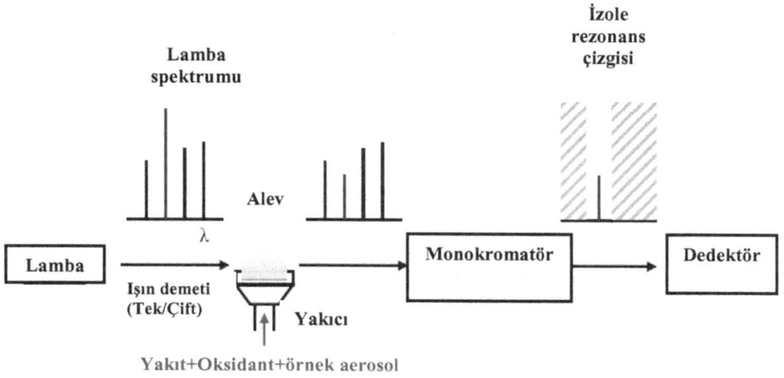

Şekil 1.21. Alevli AAS cihazının şematik gösterimi (Koplik, 2012: Advanced Strategies In Food Analysis-Atomic Spectrometry'den derlenmiştir).

Hemen hemen tüm metal, yarı-metal (metalloid) ve bazı ametallerin (bor (B), silisyum (Si) ve fosfor (P) vb.) tespitinin yapılabildiği AAS cihazı 4 parçadan oluşur. Bunlar; ışık kaynağı, atomlaştırıcı, monokromatör ve detektördür (Koplik, 2012).

1.3.3.1. Işık Kaynağı

Işık kaynağı olarak lazer, oyuk katot lamba ve elektrotsuz boşalım lambaları (EDLs) kullanılsa da daha çok katot lambalar tercih edilir. Çünkü lazerin aksine katot lambalarla aynı anda birkaç atom türü tespit edilebilir (The PerkinElmer Inc, 1996). Katot lambalar analizi yapılacak metalden yapılır. Anot ve metal katot arasına 300 Volt (V) gerilim uygulanır. Argon (Ar) / Neon (Ne) gazı, katodu bombardıman ederek katot atomlarını gaz fazına püskürtür. Püskürtülen atomlar uyarılır ve ışık yayarlar (8).

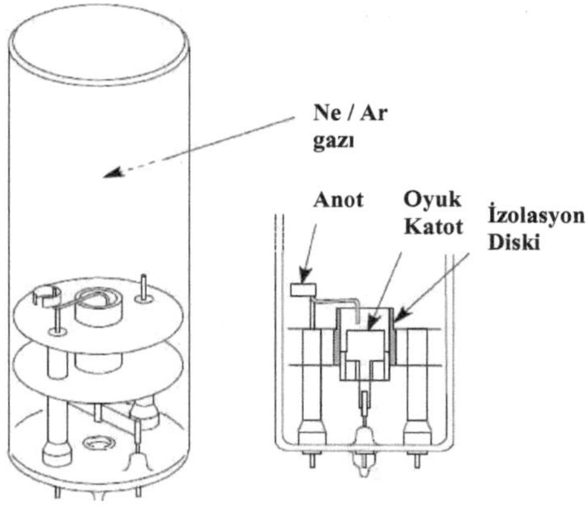

Şekil 1.22. Bir oyuk katot lamba diyagramı (The PerkinElmer Inc, 1996'dan derlenmiştir).

1.3.3.2. Atomlaştırıcı

Atomlaştırıcı ne kadar yüksek sıcaklığa çıkarsa, analiz o kadar iyi ve girişimlerden uzak olur (AAS Handout, 2012). Atomların gaz fazına geçmesi için buharlaştırılmasına 'atomizasyon' denir. AAS cihazında atomizasyon 3 yolla sağlanır. Bunlar; alev, elektrotermal ve buhar oluşum yollarıdır (Koplik, 2012).

1.3.3.2.1. Alevli Atomlaştırma (F AAS)

F AAS; gaz, solüsyon ve katılar için en basit atomizasyon yoludur ve tekrarlanabilirlik açısından da en iyisidir. Kesinliği % 1'den bile küçüktür (Garcia ve Baez, 2012). F AAS ile sadece yüksek konsantrasyonlu solüsyonlar analiz edilebilir (ppm düzeyde). Atomizasyonun derecesi sıcaklığa bağlıdır; yakıt ve oksitleyici karışımı alev sıcaklığını değiştirir. Hava-asetilen karışımı alevi (*t* 2000-2300 ^{0}C); alkali metaller, Mg, Ca, Zn, Cd, Pb, manganez (Mn), Fe ve krom (Cr) gibi kolay atomize olabilen metallerin analizinde kullanılır. Nitröz oksit-asetilen alevi (*t* 2800-3000 ^{0}C) ise; Sr, Ba, vanadyum (V), molibden (Mo), Al, Si, B ve nikel (Ni) gibi zor atomize olan elementlerin analizinde yararlıdır (Erxleben, 2009).

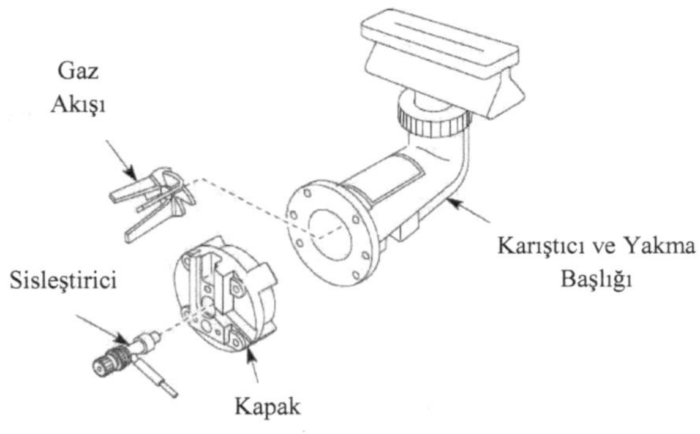

Şekil 1.23. F AAS'de yakma sistemi diyagramı (The PerkinElmer Inc, 1996'dan derlenmiştir).

1.3.3.2.2. Elektrotermal Atomlaştırma (ET AAS)

Çok düşük konsantrasyonların (ppb düzeyde) analizindeki en iyi metotlardan biridir. Elektrotermal atomizasyon için en çok kullanılan ortam grafit tüptür. Bu yüzden ET AAS, GF AAS olarak da bilinir. Atomlaştırmada; 3-4 mm çapında ve 20-25 mm uzunluğundaki grafit tüp elektrikle ısıtılır. Suyla serinletilir ve inert gaz akışıyla temizlenir. İnert gaz olarak Ar veya N_2 kullanılır.

ET AAS'de, F AAS'deki alkali metallerin analizinde yaşanan atomizasyonun tam sağlanamaması ve kimyasal girişimler sorunu yaşanmaz (Erxleben, 2009). Bu bakımdan ET AAS, F AAS'den üstündür. Fakat yüksek maliyeti ve tekrarlanabilirliğinin düşük olması (kesinlik % 5-10 arası) dezavantajlarıdır.

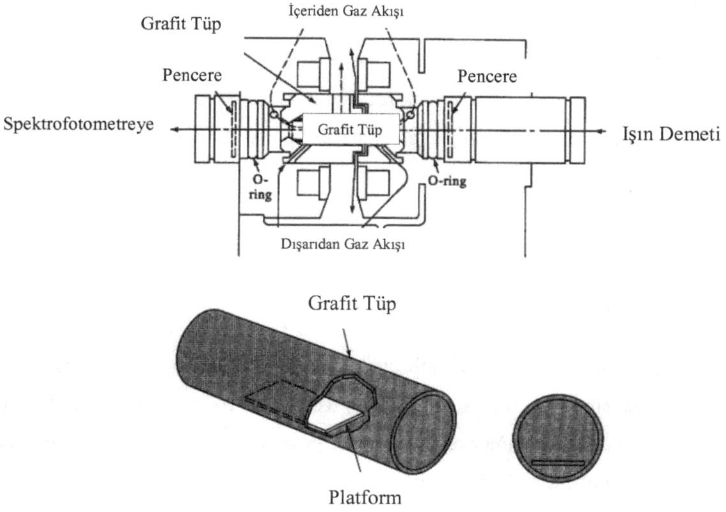

Şekil 1.24. GF AAS'de elektrotermal yakma sistemi diyagramı ve grafit tüpün görünüşü (www.cem.msu.edu/~cem333'den derlenmiştir).

GF AAS'de atomlaştırma 6 basamaktan oluşur. Bunlar sırasıyla;

- **Enjeksiyon:** Örneğin tüpün duvarına/platformuna enjekte edilmesi,
- **Kurutma:** Çözücülerin buharlaşması (120 ^{0}C'de 1-2 saniye),
- **Piroliz (Külleme):** Yüksek sıcaklıkta ısıl bozunma sonucu uçucu hidroksitler, sülfatlar ve karbonhidratların ortamdan uzaklaşması (300-1200 ^{0}C'de 10 saniye),
- **Atomizasyon:** Analitin buharlaşarak moleküllerin atomlarına ayrılması (1400-2700 ^{0}C'de 3-5 saniye),
- **Temizleme:** Tüpün tüm artıklardan arındırılması (2400-2700 ^{0}C'de 3 saniye),
- **Soğutma:** Tüpün laboratuvar sıcaklığına soğutulmasıdır (Koplik, 2012).

1.3.3.2.3. Buhar Oluşumuna Dayalı Teknikler (VG AAS)

VG AAS; As, Se, Sb, Te ve Sn gibi elementlerin analizini yapabilen Hidrit Oluşum Atomik Absorpsiyon Spektroskopi (HG AAS) ile Hg'nin analizini yapan Soğuk Buhar Atomik Absorpsiyon Spektroskopi (CV AAS) tekniklerini kapsar (Koplik, 2012).

1.3.3.3. Monokromatör ve Dedektörler

Monokromatörlerin, çok elementli oyuk katot lambalarından yayılan çok sayıdaki çizgiler içerisinden analizi istenen çizgiyi izole edebilme özelliği vardır. Arka plan ışığı ve alevdeki moleküler emisyonlardan gelen absorbsiyon çizgisini önce izole eder, sonra spesifik bir λ'ya ayarlar.

Dedektörler ise; bir foto çoğaltıcı ile gelen ışının yoğunluğunu ölçer ve bu yoğunluğa göre elektriksel bir sinyal üretir. Döner akım kesiciler alevden gelen istenmeyen emisyonları elimine eder (Erxleben, 2009).

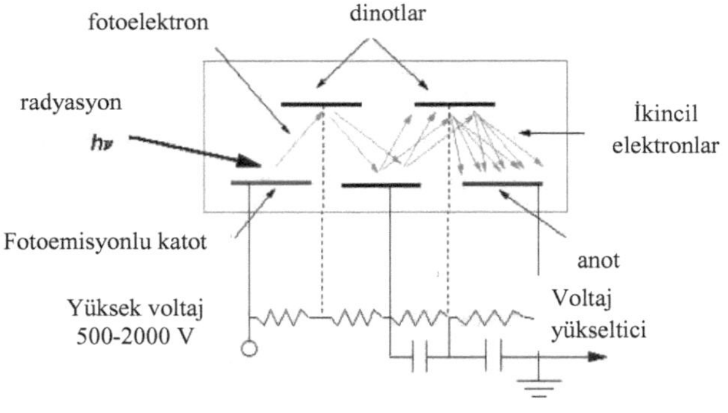

Şekil 1.25. AAS'de dedektör diyagramı (AAS Handout, 2012'den derlenmiştir).

Bu tezin amacı;

- ✓ Türk popülasyonundaki ALAD G177C polimorfizminin sıklığını tespit etmek,
- ✓ Plasenta örneklerindeki kurşun düzeylerini tespit ederek annenin ALAD G177C polimorfizmi ile plasentadaki kurşun düzeyi arasındaki ilişkiyi belirlemek, dolayısı ile bu polimorfizmin plasentadaki kurşun düzeyi üzerine modifiye edici etkisinin olup olmadığını araştırmaktır.

Bu verilerin sonuçları ile, toplumumuzdaki annelerin ALAD G177C genotiplerine göre plasentadaki kurşun düzeyi belirlenerek, bebeklerde kurşun toksisitesinden dolayı ortaya çıkabilecek sağlık sorunlarına dikkat çekilebileceği düşünülmektedir.

2. GEREÇ VE YÖNTEM

2.1. Kurşun Analizi

2.1.1. Gereçler

2.1.1.1. Numuneler

Bu çalışmada kullanılan tüm örnekler Ankara Üniversitesi Tıp Fakültesi Etik Kurulları Araştırma Projesi Bilgi ve Taahhüt Formunda belirtilen kurallara uygun olarak hazırlanmış Bilgilendirilme Onam Formları doldurularak çalışmaya katılmıştır (Etik Kurul Karar No: 33-70; Tarih: 11.07.2011).

2.1.1.2. Kullanılan Kimyasallar

- Pb Standart Çözeltisi — AA Standart Etanol pour SCP SCIENCE
- Nitrik asit — Merck

2.1.1.3. Kullanılan Aletler ve Cihazlar

- Atomik Absorpsiyon Spektrometresi — Varian AA240Z Zeeman
- Grafit Tüp Atomlaştırıcı — Varian GTA 120
- Grafit Tüpleri — Varian GTA
- Hassas Terazi — Mettler Toledo 4 digit
- Mikrodalga Fırın — Mars Xpress
- Su Pürifikasyon Sistemi — Human UP 900 Scholar-UV
- Santrifuj Heraeus Sepatech Labofyge 200
- Otomatik Pipetler
- Ephendorf

- Etüv Memmert
- Cam Malzemeler
- Polipropilen, Kapaklı Tüpler (15, 25 ml'lik)
- Argon Tüpü
- Manyetik Karıştırıcı MIRAK
- Sample Cup 2 ml Vial Pothtech Elkay

2.1.2. Yöntem

Tez çalışması 2 kısımdan oluşmaktadır. İlk kısımda; toplumumuzdaki kadın bireylerin ALAD polimorfizmi belirlenmiş, ikinci kısımda ise plasenta örneklerinde Pb düzeyleri belirlenerek ALAD polimorfizmi ile ilişkisi olup olmadığı araştırılmıştır.

2.1.2.1. Örneklerin Toplanması

Genetik çalışmalar için kullanılan kan örnekleri, antikoagülan olarak K_2EDTA içeren mor kapaklı vakumlu tüplere alınarak soğuk zincirde korundu; daha sonra kurutularak ayrıldıktan sonra polietilen tüplere koyulan örnekler, çalışma süresine kadar -20 ^{0}C'de saklandı. Kurşun analizleri için kullanılan plasenta örnekleri ise uygun büyüklükte kesilerek polietilen tüplere koyularak çalışma süresine kadar -20 ^{0}C'de saklandı.

2.1.2.2. Plasenta Örneklerinin Kurutulması

Plasenta dokuları derin dondurucudan alınıp oda sıcaklığında bekletildi. Islak dokular hassas terazide tartıldıktan sonra cam tabla üzerine aktarıldı. Cam tabla üzerindeki dokular, tabla ile birlikte, önceden 75°C'ye ayarlanmış etüvde 24 saat kurumaya bırakılarak doku ağırlığının sabitlenmesi sağlandı.

2.1.2.3. Plasenta Örneklerinin Analiz Ön İşlemleri

Etüvden çıkarılan plasenta örnekleri hassas terazi ile tekrar kuru ağırlıkları belirlenmek üzere tartılarak, mikrodalga fırına ait olan yüksek sıcaklığa dayanıklı teflon tüplerine alındı. Plasentaların üzerine 5 ml %65'lik HNO_3 eklenerek, mikrodalga fırında asitle yakma işlemi yapıldı. Yakılan örnekler 50 ml'lik döner kapaklı polipropilen tüplere aktarılıp, toplam hacim deiyonize su ile 25 ml'ye tamamlandı. Örnekler analiz anına dek kapaklı polipropilen tüplerin içinde, +4 ^{0}C' de saklandı.

2.1.2.4. Plasenta Örneklerinin Analiz İşlemleri

Mikrodalga fırında asitle yakılan örneklerin kurşun düzeyleri Atomik absorbsiyon spektrometre cihazı grafit fırın tekniği ile saptanmıştır. Grafit fırın atomik absorpsiyon spektrometresinde düzey ölçümünün yapıldığı yakma ortamında argon gazı yakıcı gaz olarak kullanılmıştır.

2.1.2.4.1. Plasenta Örneklerinin Kurşun Analizi

Örneklerdeki kurşun düzeyleri grafit fırınlı atomik absorpsiyon spektrometre tekniği kullanılarak ölçülmüştür. Bunun için Varian AA240Z Zeeman atomik absorpsiyon spektrometre cihazı kullanıldı. 1000 ppm'lik kurşun stok solüsyonundan kalibrasyon eğrisini oluşturmak üzere 15 ppb konsantrasyonunda ana standart hazırlanarak, 5 ppb, 10 ppb, ve 15 ppb konsantrasyonları ile kalibrasyon eğrisi oluşturuldu.

Hazırlanan standartlara piklerin düzgün çıkması için 5 ml %65 saflıkta HNO3 eklendi. Kalibrasyon eğrisi için her bir standart çözelti için 3 kez ölçüm yapıldı. Kurşun analizi için dalga boyu 283,3 nm olarak ayarlandı. Absorbans verisi 2150 ^{0}C'de toplandı. Piklerin ölçümü pik yüksekliği ile, kalibrasyon hesabı ise konsantrasyon modu ile yapıldı. Kalibrasyon 20 örnekte bir tekrarlandı. Örnekler için ise 3 kez ölçüm yapıldı. Atomlaştırıcı olarak grafit fırın ve ortam gazı olarak Argon kullanıldı.

2.2. Polimorfizm Çalışması

2.2.1. Gereçler

2.2.1.1. Kullanılan Kimyasallar

• Doku DNA izolasyon kiti	Qiagen
• Restriksiyon Enzimi (*Msp* I)	Neb (New England Biolab)
• Primerler	Alpha DNA, Montreal
• Etanol	Merck
• Agaroz	Prona
• Trizma Base	Merck
• Borik asit	Merck
• EDTA	Merck
• DTT	Sigma
• Etidyum Bromür	Applichem
• 6X loading çözeltisi	Qiagen
• Saf etanol	Scharlau, Dop
• DNA's RNA's free water	Qiagen
• Hot Star Taq DNA polimeraz	Qiagen
• Fenol-kloroform-izoamil alkol (25:24:1)	Applichem
• Sodyum dodesil sülfat (SDS)	Applichem
• Sodyum klorür (NaCl)	Merck
• Proteinaz K	Merck
• 100 bp ladder	Fermentaz
• Triton X	Scharlau

2.2.1.2. Kullanılan Aletler ve Cihazlar

- Laminar Flow kabin Esco
- Thermal Cycle PCR cihazı Techne Tc 512
- Jel Görüntüleme cihazı Syngene
- Yatay elektroforez cihazı Scie-Plas
- Güç Kaynağı Bio-Rad
- Su banyosu Nüve Bm 402
- Otoklav Nüve
- Soğutmalı santrifüj cihazı Hettich
- Mikrodalga fırın Arçelik
- Elektrikli hassas terazi Schimadzu Libror
- Vorteks karıştırıcı Biosan
- pH metre Mettler Toledo
- Laptop Cooler (–20°C) Sigma
- 1.5 ml ve 0.2 ml'lik ependorf steril tüpler Axygen Genuine
- pirojen free filtreli, pipet uçları Finntip
- (10 µl, 100 µl, 1000 µl.) Hassas terazi
- Ependorf, Thermo, Tipor-V Etüv
- Memmert Mettler Toledo 4 Digit
- Santrifüj Heraeus Sepatech Labofyge 200
- Manyetik Karıştırıcı Mirak
- Ph metre Seven Multi Mettler Toledo
- Su Purifikasyon Sistem Human Up 900
- Mikrodalga fırın Mars X Press

2.2.2. Yöntem

2.2.2.1. Sıvı Kan Örneklerinden DNA İzolasyonu

Sıvı kan örneklerindeki nükleer DNA'yı açığa çıkarabilmek amacıyla fenol-kloroform-izoamil-alkol ekstraksiyon yöntemi kullanıldı.

- Sıvı kan örneğinden 200 µl alınarak 1,5 ml'lik ependof tüp içerisine konuldu.
- Kan örneğinin üzerine 1000 µl. TE konularak 12000 rpm'de 2 dakika santrifüj edildi. Alt faz 100 µl kalıncaya kadar üst faz atıldı. Bu işlem 3 defa tekrarlandı.
- Pelet üzerine; 45 µl NaCl (1 M), 40 µl SDS (%10'luk), 100 µl TE ve 5-10 µl proteinaz K eklenerek kısaca vortekslendi.
- 56^0C'lik su banyosunda 1.5-2 saat inkübe edildi.
- Fenol-kloroform-izoamil alkol karışımından 500 µl ilave edildi ve kısaca vortekslendi.
- 2500 rpm'de 2 dakika santrifüj edildi.
- Alt faz kıpırdatılmadan üst faz yeni bir ependorf tüpe alındı ve alt faz atıldı.
- 1000 µl soğuk saf etil alkol ilave edildi.
- 10000 rpm'de 10 dakika santrifüj edildi.
- Alkol oluşan pelete zarar vermeden dikkatli bir şekilde atıldı.
- 500 µl %70'lik oda sıcaklığında etil alkol ilave edildi.
- 10000 rpm'de 5 dakika santrifüj edildi.
- Ependorf tüpün içerisinde bulunan tüm alkol dikkatlice atıldı.
- Tüpün dibinde kalan alkol de tamamen uçurulduktan sonra 100 µl DNAse- RNAse free su ilave edildi.
- Tüm DNA örnekleri analizlere alınıncaya kadar -20 ^{0}C'de muhafaza edildi.

2.2.2.2. Genomik DNA'nın Agaroz Jel Elektroforezi ile Belirlenmesi

Kan örneklerinden genomik DNA'nın izole edilip edilmediğinin analizi % 2,5'lik agaroz jel elektroforezi ile belirlendi.

2.2.2.2.1. % 0,5'lik Agaroz Jel Hazırlanması

- 0.6 gr agaroz tartıldı ve 120 ml 1X TBE çözeltisi içerisinde çözüldü.
- Mikrodalga fırında ağzı alimünyum folyo ile kapatılıp üzerinde delikler açılarak maksimum ayarda kaynatıldı.
- Çözelti oda sıcaklığında 50–60 ^{0}C'ye düşünceye kadar bekletildi.
- Üzerine 10 µl EtBr (10 mg/ml) eklendi ve hafifçe çözelti pembeleşip homojen karışım sağlanıncaya kadar erlen çalkalandı.
- Kalıbın bariyerleri takıldı ve jel tarakları yerleştirildikten sonra agar kalıba döküldü. Jel üzerinde hava kabarcıkları oluşmuş ise, jel katılaşmaya başlamadan hemen pipet ucu yardımı ile patlatıldı.
- Jelin katılaşması için oda sıcaklığında 30–45 dakika bekletildi.
- Taraklar ve bariyerler çıkarılarak kalıp elektroforez tankına yerleştirildi. Jel kuyucuklarının, yürüme tankının katot elektrot (-) tarafına yerleştirilmesine dikkat edildi.
- Jelin üzerini 2–3 mm kaplayacak miktarda tank içerisine 1X TBE çözeltisi eklendi.

2.2.2.2.2. Agaroz Jel'e Yüklemek İçin Örnek Hazırlanması ve Yürütme Koşulları

- 15 cm uzunluğunda parafilm kesilerek buz kalıbı üzerine yerleştirildi.
- 1µl 6X Jel Loading Buffer ve 5 µl DNA örneği parafilm üzerine konuldu ve homojenizasyon için mikropipet yardımı ile yavaşça karıştırıldı.

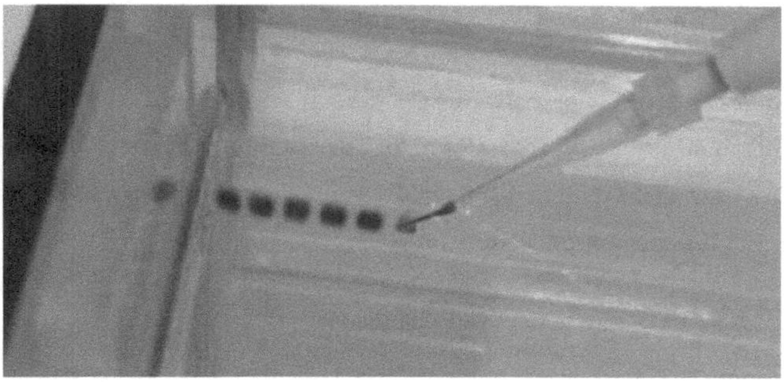

Şekil 2.1. Agaroz jel kuyucuklarına örneklerin yüklenmesi

- Toplam 6 µl karışım dikkatli bir şekilde, jeli delmeden, jel kuyucuklarına Şekil 2.1'de gösterildiği gibi yerleştirildi.
- Tank kapağı kapatıldı, anot ve katot uçlarının bağlantıları takıldı.
- Güç kaynağı 100 volt ve 70 ampere ayarlanarak, numuneler 45 dakika jel üzerinde yürütüldü.
- UV ışığında, Jel görüntüleme cihazında sonuçlar değerlendirildi.

2.2.2.3. PCR

PCR işlemi TECHNE TC 512 Thermal Cycle cihazı ile gerçekleştirildi ve aşağıda belirtilen işlemler uygulanarak hedeflenen DNA bölgesinin her biri 2^{35} defa çoğaltıldı. Her PCR analizinde kontrol amacıyla, pozitif ve negatif örnekler de kullanıldı. PCR işleminde kontaminasyonu önlemek amacıyla;

- PCR ve DNA izolasyonları farklı ortamlarda yapıldı.
- Her analiz öncesi ve sonrasında kullanılacak çalışma ortamı ve otomatik pipetler alkol ile temizlendi.
- Steril tüpler ile filtreli pipet uçları kullanıldı.
- Amplifikasyon ve enzim kesim işlemleri hava sirkülasyonlu laminar kabin içerisinde yapıldı, işlem öncesi ve sonrasında en az 45 dakika UV ışık kaynağı çalıştırıldı.
- Analizler sırasında steril, pudrasız eldivenler kullanıldı ve sık sık eldivenler değiştirildi.

2.2.2.3.1 Primerler

Amplifikasyon için Forward (F: direkt) ve Reverse (R: karşıt) primerleri kullanıldı. Primer çiftinden F primer DNA'nın bir ipliğine bağlanırken, R primer DNA'nın diğer ipliğine bağlanır. Primerlerin bağlanmasıyla hedeflenen bölgenin çoğaltılması başlatılmış olur.

2.2.2.3.2 PCR Bileşenleri ve PCR Programı

Çalışmada kullanılan 50 µl'lik PCR reaksiyonunun bileşenleri, bileşenlerin stok konsantrasyonları, reaksiyondaki miktarları ile reaksiyon karışımındaki final konsantrasyonlarına ait bilgiler Çizelge 2.1.'deki çizelgede verilmiştir.

Çizelge 2.1. PCR bileşenleri ile stoktaki ve reaksiyondaki konsantrasyonları

BİLEŞEN	Stok Konsantrasyon	Reaksiyona Konulan Miktar	50 µl'lik Reaksiyon Karışımındaki Final Konsantrasyon
10 X PCR Buffer	10X	5 µl	1X
$MgCl_2$	25 mM	3	1,5 mM
dNTP karışımı	2mM	5	200 µM
F Primer	20 pmol/ µl	1 µl	20 pmol
R Primer	20 pmol/ µl	1 µl	20 pmol
Hot Star Taq DNA Polimeraz	5 U/ µl	0,25 µl	1,25 U
DNA	-	-	~200 ng
Steril H_2O	-	50 µl'ye tamamlayıncaya kadar	-

PCR programı aşağıda belirtilen şekilde gerçekleştirildi.

- + 94 ^{0} C'de 10 dakika
- + 94 ^{0} C'de 1 dakika (denatürasyon) } 40 döngü
- + 53 ^{0} C'de 1 dakika (eşleşme) } 40 döngü
- + 72 ^{0} C'de 1 dakika (sentez) } 40 döngü
- + 72 ^{0} C'de 5 dakika
- + 4 ^{0} C'de ∞ dakika

PCR ürünleri, agaroz jel elektroforezinde yürütülünceye kadar -20 ^{o}C'de muhafaza edildi.

2.2.2.3.3 PCR Ürünü İçin Agaroz Jel Hazırlanması

PCR ürünleri %2'lik agaroz jel elektroforezi ile analiz edildi. Bunun için 2.4 gr. agaroz tartılarak 120 ml 1XTBE içerisinde çözüldü ve bölüm 2.2.2.2.1'de yapıldığı şekilde işleme devam edildi. 7 µl PCR ürünü ile 1µl 6X Jel Loading Buffer karıştırılarak jel kuyucuklarına yüklendi. Her 6 numuneden sonra 100 bp DNA ladder'ı kullanıldı. 1µl DNA ladder'ı, 1µl 6X Jel Loading Buffer ve 6 µl distile su karıştırılarak yükleme yapıldı. Jel, 100 Volt ve 70 Amperde 1 saat yürütüldükten sonra sonuçlar UV ışığında, jel görüntüleme sistemi ile değerlendirildi.

2.2.2.4. PCR Ürününün RFLP Yöntemi ile Kesimi

Çalışmamızda, ALAD G177C Tek Nükleotid Polimorfizmini belirlemek için, amplifikasyon sonucunda oluşan PCR ürünü, *Msp*I Restriksiyon enzimi ile kesildi. PCR ürününün RFLP yöntemi ile kesim işleminde negatif ve pozitif örnekler de kontrol amacıyla analizlere alındı.

2.2.2.4.1. *Msp*I Restriksiyon Enziminin Özellikleri

Bu çalışmada, *Moraxella species* bakterisinden elde edilen *Msp*I restriksiyon enzimi kullanılmıştır.

2.2.2.4.2. *MspI* Enzim ile Kesim İşlemi

Amplifikasyon ürünün kesimi için 30 µl'lik reaksiyon karışımı hazırlandı. Reaksiyon bileşenleri, bileşenlerin stok ve final konsantrasyonları Çizelge 2.2.'de belirtildiği şekilde yapıldı. Örnekler, 37 °C'de gece boyu inkübe edilmiş ve ürünler analizlerde kullanılıncaya kadar +4°C'de muhafaza edilmiştir.

Çizelge 2.2. *MspI* enzimi ile kesim işlemindeki bileşenler ve reaksiyondaki konsantrasyonları

BİLEŞEN	Stok Konsantrasyon	30 µllik Reaksiyon Karışımındaki Final Konsantrasyon
NEB4 Buffer	10X	1X
Msp Enzim	20 U/ µl	5 Unit
PCR ürünü		15 µl
dH_2O		30 µl'ye tamamlayıncaya kadar

2.2.2.4.3. *MspI* Enzimi ile İnkübasyondan Sonra Agaroz Jel Hazırlanması

MspI enzimi ile kesim işleminden sonra oluşan baz çiftlerinin analizleri, bölüm 2.2.2.3.3'de anlatıldığı şekilde %2'lik agaroz jel elektroforezi ile gerçekleştirildi. Sonuçlar UV ışığında, jel görüntüleme sistemi ile değerlendirildi.

2.3. İstatistiksel Analizler

Çalışmanın istatistiksel analizleri SPSS V16 kullanılarak yapılmıştır. ALAD G177C Tek Nükleotid polimorfizminin frekansları direkt olarak hesaplanmış ve Hardy-Weinberg eşitliği "Haldane exact" testi ile belirlenmiştir. Ölçümle elde edilen değişkenler bakımından bağımsız iki grubun karşılaştırılmasında "Mann Whitney U testi", bağımsız ikiden fazla grubun karşılaştırılmasında ise "Kruskal-Wallis" varyans analizi kullanılmıştır. Kategorik değişkenler bakımından ilişki ya da gruplar arası farklılık incelemesinde $\chi 2$ (ki-kare) testi uygulanmıştır. Korelasyon analizlerinde "Pearson Korelasyonu" kullanılmıştır. Tanımlayıcı istatistik olarak nitel değişkenlerde oran, nicel değişkenlerde ise ortalama±standart sapma veya ortanca (minimum-maksimum) verilecektir. $p<0,05$ istatistiksel olarak anlamlı kabul edilmiştir.

3. BULGULAR

3.1. Toplumumuz Bireylerinde ALAD Geninde Bulunan G177C Polimorfizmini Belirlemek Amacıyla Yapılan Analiz Sonuçları

Çalışmamızda; 97 yeni doğum yapmış gönüllü annelerden alınan kan örneği ile 97 plasenta örneği kullanıldı.

3.1.1. Genomik DNA'nın Agaroz Jel Elektroforezi ile Belirlenmesinin Sonuçları

Çalışmada kullanılan 97 kan örneği, izolasyon işleminden sonra agaroz jel elektroforezinde tayin edildi. Her bir örneğin DNA'larının izole edildiği görüldü.

3.1.2. PCR Reaksiyonu ile ALAD G177C SNP'sinin Bulunduğu Bölgenin Amplifikasyon Sonuçları

ALAD, 9. kromozomun 9q34 bölgesinde lokalize olmuş; 15,9 kb uzunluğunda bir gendir. Bu gen üzerinde tanımlanmış SNP'lerden birisi de ekson 4'te tespit edilen pozisyon 177'deki G→C tran□ver□iyonudur (r□1800435 □177C; K59N). Tipik bireylerde (GG genotipinde olanlar), $ALAD_{1\text{-}1}$ veya $ALAD^{GG}$; heterozigot bireyler (GC genotipinde olanlar), $ALAD_{1\text{-}2}$'ye $ALAD^{GC}$; atipik bireylerde (CC genotipinde olanlar), $ALAD_{2\text{-}2}$'ye $ALAD^{CC}$ olarak adlandırılmaktadır.

Kullanılan primerler ile amplifiye edilen bölgenin baz dizilimi aşağıdaki tabloda gösterilmiştir (Çizelge 3.1).

Çizelge 3.1. PCR'da kullanılan primerler ve amplifiye edilen bölgenin nükleotid dizilimleri

Primerler	Amplifiye Edilen Bölge
F: 5'-AGACAGACATTAGCTCAGTAGAGG-3'	**(917 bp)** AGACAGACATTAGCTCAGTAGAGGaaa gggtttccccggggccagagctgttcc acagtggaaggggcagccccataaagt aaagagctacccatcacccgagacgtc gtggcagaggctgttgcagaagggagc tgaactgcagatgggagttcaaaaaga gggcctcgaaggagccttccacagccg aattccggagctctgctactcagggcc tcagtcttccctcctatttagtggatg catccctgccccttctgtcctggggc ttgagccctcctggtgccatatgcagc ttggtttctaacagaggcacacagtgt ggtggggtccggaggaccgttgcctgg gacctgccttccttcaacccctctacc cacacccacacaggtatggtgtgaagc
R: 5'-GGCAAAGACCACGTCCATTC-3'	ggctggaagagatgctgaggcccttgg tggaagagggcctacgctgtgtcttga tctttggcgtccccagcagagttccca aggtgaagaatcaaaggaagggctaag aagggaggttgcgctcacgcccgtaat cccagcactttgggaggccaaagtggg tggatcacttgagcccaggattttgag accagcctggacaacatggcaaaaccc atctctacaaaaaatacaaaagttagc tgggtgtgggggtatgtgcctgtagtc ccagctactcgggaggtggagaggtgg gaggattgcttgagcccagaaagtcga ggctgcagtgagccaaaatcgcgccag tgcactctagcctgggtgacagagcaa gaccctgtctccaatacaaacagaaaa aggaagggaggttgggcaaaggtggac tgagggtccacactgactgcaccctca ctcccacattgtgctggccctggggcc acaggtGAATGGACGTGGTCTTTGCC

Bireylerin kan örneklerindeki ALAD G177C göstermek amacıyla, bu noktayı da içeren 917 bp'lik bölge amplifiye edildi ve sonuçlar jel görüntüleme sisteminde, UV ışık altında değerlendirilerek fotoğraflandı (Şekil 3.1).

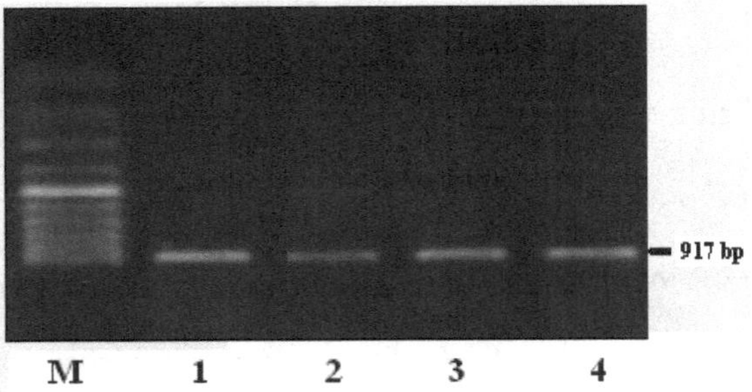

Şekil 3.1. ALAD G177C polimorfizminde PCR ürününün jel görüntüsü (M=100 bp Ladder; 1, 2, 3 ve 4= 917 bp PCR ürünü)

3.1.3. *MspI* Restriksiyon Enzimi ile ALAD G177C SNP'sinin Belirlenmesi

Amplifiye edilen 917 bp'lik PCR ürünündeki SNP'sini belirlemek amacıyla; PCR ürünleri *MspI* enzimi ile 37 °C'de gece boyu inkübe edildi. *MspI* enzimi 917 bp'lik PCR ürününü; 5' ucundan CCGG sekansını tanıyarak C CGG arasından, 3' ucundan tanıyarak GGCC sekansını tanıyarak GGC C arasından keser.

5' C✂CGG **3'**

3' GGC✂C **5'**

ALAD G177C SNP'sinin belirlenmesinde oluşan genotipler ve oluşan oligonükleotidlerin uzunlukları fotoğraflandı (Çizelge 3.2; Şekil 3.2 ve Şekil 3.3).

Çizelge 3.2. ALAD G177C SNP'sinin belirlenmesinde oluşan genotipler ve oluşan oligonükleotidlerin uzunlukları

GENOTİP	**Msp enzimi ile kesim sonucunda oluşan oligonükleotid uzunlukları**
Homozigot tipik (G/G) ($ALAD_{1-1}$)	584 bp, 158 bp, 139 ve 36 bp
Homozigot atipik (C/C) ($ALAD_{2-2}$)	513 bp, 158 bp, 139, 71 ve 36 bp
Heterozigot (G/C) ($ALAD_{1-2}$)	584, 513 bp, 158 bp, 139, 71 ve 36 bp

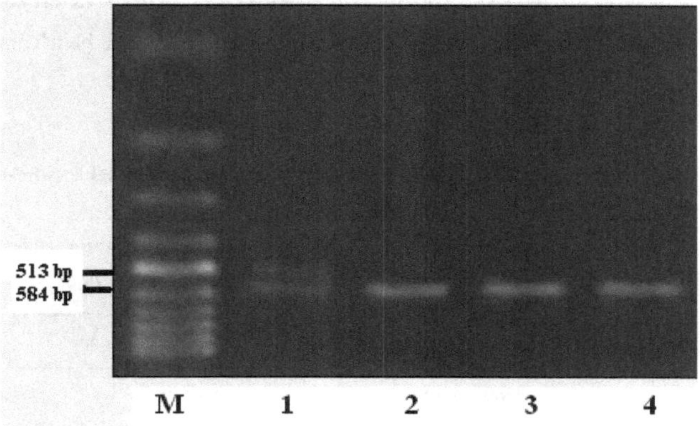

Şekil 3.2. 917 bp'lik PCR ürününün *Msp*I enzimi ile kesim sonucunda oluşan oligonükleotid uzunlukları jel görüntüsü (M=100 bp Ladder; 1=$ALAD_{1-2}$ genotipli birey: 584 bp ve 513 bp; 2, 3 ve 4=$ALAD_{1-1}$ genotipli bireyler: 584 bp)

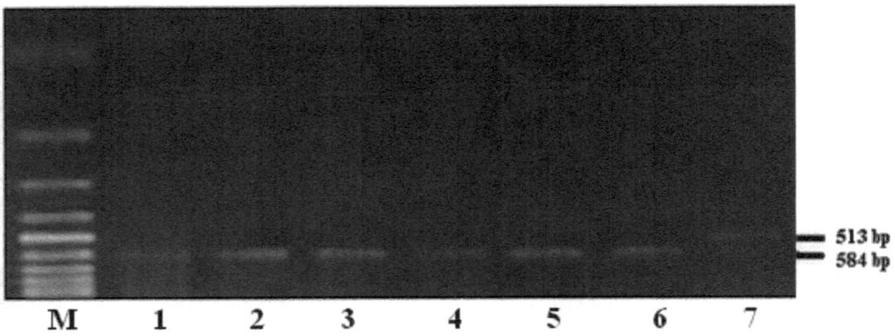

Şekil 3.3. 917 bp'lik PCR ürününün *Msp*I enzimi ile kesim sonucunda oluşan oligonükleotid uzunlukları jel görüntüsü (M=100 bp Ladder; 1-6=$ALAD_{1-1}$ genotipli bireyler: 584 bp; 7=$ALAD_{2-2}$ genotipli birey: 513 bp)

Çalışmamız sonucunda;

Annelerin, % 92,8'si homozigot tipik ($ALAD_{1-1}$), % 6,2'si heterozigot ($ALAD_{1-2}$) ve % 1,0'i homozigot atipik genotip ($ALAD_{2-2}$) olarak belirlenmiştir (Çizelge 3.3).

Çizelge 3.3. Annelerdeki ALAD G177C polimorfizmi ile oluşan genotiplerin frekansı

Polimorfizm	Genotip Frekansı (n:97)	
	n	%
Homozigot tipik (G/G) ($ALAD_{1-1}$)	90	92,8
Homozigot atipik (C/C) ($ALAD_{2-2}$)	6	6,2
Heterozigot (G/C) ($ALAD_{1-2}$)	1	1,0

Annelerdeki ALAD G177C polimorfizmi ile oluşan alel frekansları ise (n:194); $ALAD_1$ alel frekansı; % 95,9 (n:186), $ALAD_2$ alel frekansı ise % 4,1 (n:8) olarak belirlenmiştir (Çizelge 3.4).

Çizelge 3.4. Annelerdeki ALAD G177C polimorfizmi ile oluşan alellerin frekansı

Alel	Alel Frekansı (n:194)	
	n	%
$ALAD_1$	186	95,9
$ALAD_2$	8	4,1

Yapılan istatistiksel analizler sonucunda çalıştığımız populasyonun Hardy-Weinberg dengesinde olduğu bulunmuştur (χ^2 = 2,335; p=0,139).

Çalışmada kullanılan 97 plasenta örneğinde;

- ✓ Ortalama Kurşun konsantrasyonu; Pb= 8,35±3,08 ppb,
- ✓ $ALAD_{1-1}$ genotipli bireylerde (n: 90); Pb= 8,03±2,73 ppb,
- ✓ $ALAD_{1-2}$ genotipli bireylerde (n:6); Pb= 11,41±4,07 ppb ve
- ✓ $ALAD_{2-2}$ genotipli bireyde (n:1); Pb= 18,53 ppb olarak belirlenmiştir.

Bu sonuçlara göre;

ALAD G177C genotipli anneler ile plasentalarındaki Pb düzeyleri arasında istatistiksel olarak anlamlı ilişki bulunmuştur (p=0,025). $ALAD_{1-2}$ ve $ALAD_{2-2}$ genotipli annelerin plasentalarındaki Pb düzeylerinin, $ALAD_{1-1}$ genotipli annelerin plasentalarındaki Pb düzeylerinden yüksek olduğu belirlenmiştir. Çalışma sonuçlarımıza göre, $ALAD_{2-2}$ genotipine sahip sadece 1 birey olduğundan dolayı örneklerimiz, $ALAD_2$ aleli taşıyan bireyler ($ALAD_{2-2}$ + $ALAD_{1-2}$ genotipine sahip olan bireyler) ve $ALAD_2$ aleli taşımayan bireyler ($ALAD_{1-1}$ genotipine sahip bireyler) olmak üzere iki gruba ayrıldı. $ALAD_2$ aleli taşıyan annelerin plasentasındaki Pb düzeyi, $ALAD_2$ aleli taşımayan annelerdeki Pb düzeyine göre istatistiksel olarak anlamlı şekilde yüksek bulunmuştur (p=0,010) (Çizelge 3.5 ve Şekil 3.4).

Çizelge 3.5. ALAD G177C polimorfizmi genotipleri ile Pb düzeylerinin ilişkisinin istatistiksel değerlendirmesi

METAL		ALAD G177C polimorfizmi					TOP-LAM
		$ALAD_{1-1}$ n=90	$ALAD_{1-2}$ n=6	$ALAD_{2-2}$ n=1	$(ALAD_{1-1})$ n=90	$(ALAD_{2-2} + ALAD_{1-2})$ n=7	n=97
Plasenta Pb (ppb)	Ort. ±S.D.	8,03±2,73	11,41±4,07	18,53	8,03±2,73	12,43±4,59	8,35±3,08
	Ortanca	7,54	11,78	18,53	7,54	11,87	7,74
	Min.	3,31	4,69	18,53	3,31	4,69	3,31
	Mak.	15,98	17,42	18,53	15,98	18,53	18,53
	p	p=0,025			p=0,010		

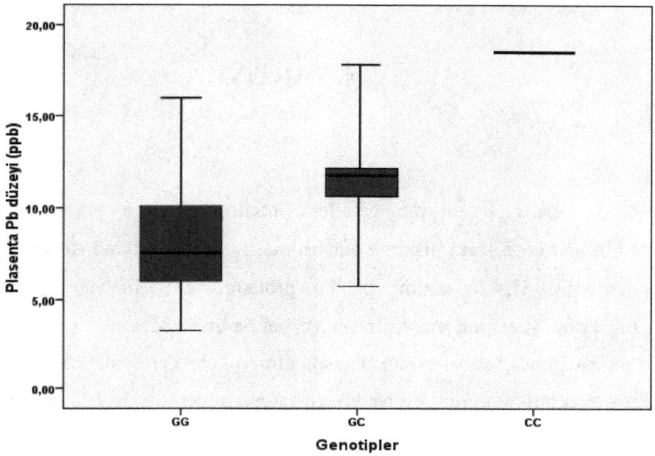

Şekil 3.4. Annelerden alınan plasenta örneklerindeki Pb düzeyi ve ALAD G177C tek nükleotid polimorfizmi genotiplerinin karşılaştırılması

Çalışmaya katılan annelerin yaş ortalamaları 29,63±4,94 olarak hesaplanmış ve anne yaşı ile plasenta Pb düzeyi arasında korelasyon tespit edilmemiştir (p>0,05).

4. TARTIŞMA

Metal maruziyeti ile bu metallerle etkileşime giren proteinlerdeki genetik farklılıklar arasındaki ilişkinin araştırılması, metal toksikolojisi açısından oldukça önemlidir. ALAD enzimi de bu proteinlerden yalnızca biridir. ALAD'ın polimorfik yapısının araştırılması ve belirlenmesi, önemli ağır metallerden biri olan kurşunun toksisitesinin anlaşılabilmesi için gereklidir. δ-ALAD aktivitesi, kurşun zehirlenmesinin en hassas göstergelerinden biridir (Süzen ve ark., 2004). ALAD genotiplerinin kurşuna afinitesindeki farkların, kurşun toksikokinetiğini modifiye edebileceği düşünülerek ALAD polimorfizmi ve kurşun toksisitesi arasındaki ilişkiyle ilgili çalışmalar yapılmaya başlanmıştır (Mijares ve ark., 2006).

İlk çalışma, mesleki veya ev kaynaklı yüksek kan-kurşun düzeyleri üzerine popülasyonlardaki genotipin etkisini araştırmaya odaklanmıştır. 1986'da *Ziemsen ve ark,* genotip kaynaklı kan-kurşun düzeyi farklılıklarını tanımlayan ilk bilimciydiler. $ALAD_{2-2}$ genotipli kurşun işçilerinin $ALAD_{1-2}$ genotiplilerden; $ALAD_{1-2}$ genotiplilerin de $ALAD_{1-1}$ genotiplilerden daha yüksek kan-kurşun düzeylerine sahip olduklarını buldular. 1987'de *Astrin ve ark,* kurşundan zehirlenmiş bireylerde $ALAD_2$ aleli taşıyıcıları arasında kan-kurşun düzeyi 50 µg/dL'den veya serbest eritrosit protoporfirin düzeyi 30 µg/dL'den daha yüksek olanlarının oranını beklenenden daha fazla buldular. Ayrıca $ALAD_2$ alelinin, kan-kurşun düzeyi 30 µg/dL'den daha yüksek olduğu durumlarda kurşunu kanda tutabilme/alıkoyma yeteneğini 4 kat arttırdığını keşfettiler.

1991'de *Wetmur ve ark,* bir grup kurşun işçisi ile New York şehri çocukları üzerinde yaptıkları çalışmalarla; işçiler ile çocukların kendi aralarında kan-kurşun düzeylerinde belirgin farklılıklar buldular. Bu çalışmalarda, $ALAD_2$ aleli taşıyıcılarının kan-kurşun düzeyleri, $ALAD_1$ aleli taşıyıcılarından ortalama 9-11 µg/dL daha yüksekti. Yapılan bu 3 çalışmanın her biri $ALAD_2$ izoziminin yükünü baz alan hipotezi desteklese de çalışılan popülasyonlardaki bireylerin kan-kurşun düzeylerinin genelde 30 µg/dL'den daha yüksek olması (eskiden bu düzey kurşun zehirlenmesinin kanıtı olarak kabul edilirdi) göz ardı edilmemelidir.

Bu çalışmalardan sonra 1995'te *Schwartz ve ark;* kurşun işçileri üzerinde yaptıkları araştırmayla $ALAD_2$ alelinin yüksek kan-kurşun düzeyleriyle açık bir ilişkisi olmadığını fakat $ALAD_2$ aleli taşıyıcılarının kan-kurşun düzeylerinin 40 µg/dL ve daha yüksek olmasını, $ALAD_1$'lilerden 2,3 kez daha olası buldular. 6 yıldan daha fazla süre kurşuna maruz kalan işçilerde $ALAD_2$ genotipi ile Zn-protoporfirin düzeyleri arasında bir ilişki bularak $ALAD_2$ alelinin koruyucu bir etkisi olduğunu önerdiler. Yüksek maruziyet geçmişi olan $ALAD_2$ aleli taşıyıcısı işçilerinin aynı geçmişe sahip $ALAD_1$'lilerden daha düşük Zn-protoporfirin düzeyine sahip oldukları bulgusunun ışığında yazarlar; bunu olası bir genotip-seleksiyon faktörü olarak gördü. Proteinin $ALAD_2$ alt ünitesinin kurşunu biyolojik olarak kullanılamayan bir şekilde tuttuğunu yani kurşunun etkilerine karşı koruyucu etkiye sahip olduğunu ve $ALAD_1$ alelinden daha uzun süreli kurşun maruziyetlerini tolere edebildiğini önerdiler. *Schwartz ve ark* 1997'de yaptığı diğer çalışmalarında, DMSA'yı kurşun akü işçilerinde kullanarak kurşunun genotip kaynaklı biyo-kullanılabilirliğinin farklarını test ettiler. Şelasyon terapisi sonucunda; aynı maruziyet geçmişine sahip $ALAD_{1\text{-}1}$ taşıyıcılarının idrar örneklerinin, $ALAD_{1\text{-}2}$ ve $ALAD_{2\text{-}2}$ taşıyıcılarınınkinden daha yüksek miktarda kurşun içerdiğini tespit ettiler. Bu bulgu; $ALAD_{1\text{-}2}$ ve $ALAD_{2\text{-}2}$ taşıyıcılarının, $ALAD_{1\text{-}1}$'lilerden daha az riskli durumda olduğunu öneriyordu. Ayrıca $ALAD_{1\text{-}1}$'li bireylerin plazmalarında daha yüksek düzeyde δ-ALA buldular. $ALAD_{1\text{-}1}$'lilerin plazmalarında daha yüksek düzeyde δ-ALA bulunması, *Sithisarankul ve ark* ile *Sakai ve ark* tarafından da desteklenmiştir. Yapılan bu 3 çalışma, 'yüksek δ-ALA düzeyi beyinde toksiktir' gerçeğinden dolayı ALAD1-1'lilerin daha büyük bir nörolojik risk taşıdığını önermektedir. *Schwartz ve ark* ayrıca, hemoglobin A_1 seviyesinin $ALAD_{1\text{-}1}$'lilerde daha yüksek olduğunu gözlemleyerek δ-ALAD ve hemoglobin A_1'in şelatlanmış kurşunun atılımını etkileyen önemli kurşun-bağlayıcı bölgeler olduğunu önerdiler.

1994'te *Bellinger ve ark* düşük ve yüksek diş-kurşun düzeyleri üzerine bir çalışma yaparak; kurşunun vücut yükü ve etkilerinin, $ALAD_1$ homozigotları arasında daha kötü olduğunu önerdiler. Ayrıca $ALAD_{1\text{-}2}$'li bireylerin, $ALAD_{1\text{-}1}$'lilerden daha düşük diş-kurşun düzeyine sahip olduğunu ve nöropsikolojik testlerde daha başarılı olduklarını gösterdiler.

1995'te *Smith ve ark,* araştırmalarında geçmişteki çalışmalardan farklı olarak düşük kan-kurşun düzeyli marangoz işçilerini kullandılar ve ALAD genotipiyle kan-kurşun düzeyleri arasında bir ilişki bulamadılar. Bu durum ALAD genotipinin yüksek kan-kurşun düzeylerinde modifiye edici olabileceğini düşündürmektedir. *Smith ve ark* kemiklerdeki kurşun düzeyleriyle ilgili yaptıkları çalışmada, genotip ile tibial (kaval kemiği)/patellar (diz kapağı) kemikler arasında bir ilişki bulamasalar da $ALAD_{1\text{-}1}$ taşıyıcı bireylerinin alınan kurşunu $ALAD_{1\text{-}2}$ ve $ALAD_{2\text{-}2}$ taşıyıcı bireylerden daha fazla kortikal kemikte depoladığını gösterdiler. Bunun ise $ALAD_2$ alelinin kandaki kurşuna daha büyük afiniteyle bağlı olmasından kaynaklandığını hipotezlediler. Bu yüzden $ALAD_1$ homozigot taşıyıcıları uzun dönem maruziyetlerde kemiklerinde daha fazla oranda kurşun depoladıkları için hamilelik ve osteoporoz gibi durumlarda kemikten kana daha yüksek miktarda kurşun geçeceği için daha büyük bir riske sahipti. *Smith ve ark,* artan kan-üre nitrojen, ürik asit ve kreatinin düzeyleri nedeniyle $ALAD_2$ ve subklinik renal toksisite arasında da bir ilişki gözlemlediler.

1997'de *Bergdahl ve ark,* İsveç'teki kurşuna maruz kalan ve kalmayan işçiler arasında karma bir çalışma yaptılar. Bu çalışmada; $ALAD_{1\text{-}2}$ ve $ALAD_{2\text{-}2}$ genotipli bireylerde düşük üriner kreatinin ve kalsiyum düzeyi buldular. Fakat kurşun işçilerinde genotip ile kan, kemik ve idrardaki kurşun düzeyleri arasında bir ilişkiye rastlamadılar. Kurşun işçileri arasında $ALAD_2$ aleli taşıyıcı olanlar beklenenden azdı. Yazarlar bunu, yüksek kan-kurşun düzeyine ulaşan $ALAD_2$ aleli taşıyıcısı işçilerin İsveç Mesleki Sağlık Standartları gereği çalışma ortamından uzaklaştırılmasının bir sonucu olarak 'genetik sağlıklı işçi etkisinin' kanıtı olarak gördüler.

1998'de *Fleming ve ark,* kurşun döküm işçileri üzerinde bir çalışma yaparak $ALAD_1$ homozigotlu bireyler arasında kandan kemiğe kurşun alımının $ALAD_2$ alelli bireylerden daha fazla olduğunu gözlemlediler. Bu çalışma, ALAD genotipinin kurşunun kandaki kinetiği üzerine bir etkisi olduğu görüşünü destekler nitelikteydi (Kelada ve ark., 2001). $ALAD_2$ alelini taşıyan çocuklarda daha düşük dentin-kurşun düzeyi gözlenmesi, alelin koruyuculuk hipotezini destekler niteliktedir (Skerfving ve Bergdahl, 2007).

1998'de *Alexander ve ark* Kanada'daki kurşun işçileri üzerinde yaptıkları bir çalışmada; ALAD genotipinin sperm sayısı ve konsantrasyonu, kan-kurşun, Zn-protoporfirin, hem ve koporfirin düzeyleri üzerine etkisini araştırdılar. Bu çalışma neticesinde; 40 μg/dL ve üzerindeki kan-kurşun düzeylerinde $ALAD_1$ homozigotların önemli ölçüde daha yüksek Zn-protoporfirin ve koporfirin düzeylerine sahip olduklarını buldular. Bu bulgu, $ALAD_1$ homozigotlarında kurşuna maruziyet sonrası daha fazla oranda hem sentezi inhibisyonu gözlendiğini öneriyordu.

2000'de *Hsieh ve ark* bir Tayvan popülasyonunda yaptıkları çalışmada; $ALAD_{1-2}$ ve $ALAD_{2-2}$'li bireylerde kan-kurşun düzeylerini ALAD1-1'lilerden % 20 oranında daha fazla buldular. Fakat bu veri istatistiksel olarak anlamlı değildi. Yazarlar bunun, $ALAD_2$ alelinin çalışmada az sayıda olmasından kaynaklandığını ve Tayvan'da genel olarak kan-kurşun düzeylerinin düşük olmasının nedeninin $ALAD_2$ alelinin nadirliğinden ileri geldiğini önerdiler (Kelada ve ark., 2001).

$ALAD_2$ alelinin yaygınlığı; popülasyona bağlı olarak % 0-20 arasında değişmektedir. Yapılan etnik çalışmalara göre beyaz ırk, $ALAD_2$ alelinin en sık görüldüğü popülasyondur. Beyaz ırkın yaklaşık % 18'i, $ALAD_{1-2}$ heterozigotunu; yaklaşık % 1'i de $ALAD_{2-2}$ homozigotu taşır. Afrika ve Asya popülasyonları, Çizelge 4.1'de de belirtildiği üzere $ALAD_2$ alelini en az taşıyan toplumlardır (Kelada ve ark., 2001).

Çizelge 4.1. ALAD G177C genotip sıklığının farklı popülasyonlardaki dağılımı (Süzen ve ark., 2004 makalesinden derlenmiştir).

Popülasyon	Çalışmadaki Birey Sayısı	$ALAD_1$	$ALAD_2$
Liberya	296	1.00	0.00
Tayvan	660	0.98	0.02
Şili	175	0.98	0.02
Yunanistan	508	0.95	0.05
Amerika	1278	0.94	0.06
Polonya	300	0.94	0.06
Danimarka	1697	0.94	0.06
İspanya	500	0.92	0.08
Japonya	317	0.91	0.09
İsviçre	220	0.90	0.10
İtalya	762	0.90	0.10
Almanya	144	0.89	0.11
Türkiye (Süzen ve ark.'nın çalışması)	230	0.89	0.11
Türkiye (Bu çalışma)	97	0.96	0.04
İsrail	306	0.80	0.20

Bravo ve ark; uzun dönem kurşun maruziyetinin, $ALAD_2$ alelinin sıklığını arttırıcı yönde bir seçici baskı yaptığı hipotezini öne sürmüşlerdir. Bu görüşe göre İtalyan, İsrailli, İspanyol ve Türk popülasyonlarındaki $ALAD_2$ aleli sıklığının diğer popülasyonlardan oldukça yüksek olmasının nedeni; İtalya, İsrail, İspanya ve Türkiye'de tarihi kurşun ocaklarının bulunması olabilir (Fujihara ve ark., 2009).

Hamile kadınların tam kan-kurşun düzeyi hamile olmayanlara oranla daha düşük; plazma-kurşun düzeyi ise 2 kat yüksek bulunmuştur (Montenegro ve ark., 2008). Anne kanının kordon kanından daha yüksek kurşun düzeyine sahip olması ve aralarında önemli bir korelasyon olması, kurşunun plasenta aracılığıyla fetüse transfer olduğunu göstermektedir. δ-ALAD, kordon kanında daha aktiftir ve anne kanı, kordon kanı ve δ-ALAD aktiviteleri önemli ölçüde ilişkilidir (Campagna ve ark., 1999). Annelerdeki ALAD polimorfizmi ile plasentadaki kurşun düzeyinin ilişkisini araştıran bir çalışma ise bulunmamaktadır.

ALAD polimorfizmi, kurşunun ürik asit atılımı ve genel böbrek fonksiyonları üzerindeki etkisini modifiye edebilir (Wu ve ark., 2003; Gao ve ark., 2010). U-NAG, tübüler hücre toksisitesinin ve subklinik böbrek hasarının lizozomal bir göstergesidir. Yapılan bir çalışmada; U-NAG, kan-kurşun düzeyleri ile ilişkili çıkmıştır. Çalışmada ayrıca ALAD polimorfizminin, kurşunun ürik asit üzerindeki etkisini nasıl modifiye edebildiği sorusu irdelenmiş; kurşun-$ALAD_2$ alt ünite kompleksinin, kurşun-$ALAD_1$ alt ünite kompleksinden daha toksik olma olasılığıyla ALAD genotipinin modifiye edici etkisi açıklanmaya çalışılmıştır. Yatkınlığın; farklı dokularda, farklı kurşun formlarının biyo-kullanılabilirliklerinin ne kadar farklı olduğuyla ilgisi olduğu görüşü savunularak $ALAD_2$ genotipinin yalnızca kurşunun nörofizyolojik etkilerine karşı koruyucu olabileceği önerilmiştir. Kurşun maruziyeti sonrası, $ALAD_2$ aleli taşıyıcılarının dikkat testlerinde $ALAD_1$'lilerden daha iyi performans göstermesi de bunun kanıtı olarak sunulmuştur (Wu ve ark., 2003).

$ALAD_2$ aleli, kanser ve diğer nedenlerden ölüm riskine karşı koruyucu bir etkiye sahip olabilir. δ-ALAD'ın, CF_2 görevi tanımlanmış olsa da δ-ALAD izozimlerinin bu tanımdaki yeri bilinmemektedir. δ-ALAD'ın bir metalloprotein olduğu da düşünülebilir. Yüklü lisinin nötral asparajine değişimi, enzimin yalnızca Pb'yi değil Zn ve Mg gibi metalleri bağlamasında da değişikliklere yol açabilir (Van Bemmel ve ark., 2011a).

ALAD polimorfizmi ile beyin tümörü riski ve renal hücre karsinoması (RCC) arasında bir ilişki olup olmadığına yönelik olarak yapılan çalışmalarda; $ALAD_{2-2}$ genotipini taşıyan bireylerde menenjiyom (beyin zarı tümörü), Amyotrofik Lateral Skleroz (ALS) ve diğer hastalıklarda artan bir risk olduğu, kurşun maruziyetinin RCC riskini arttırdığı ve bu riskin bazı ALAD genotipleri tarafından modifiye edildiği gözlenmiştir (Montenegro ve ark., 2006; Van Bemmel ve ark., 2011b). Brezilya'da yapılan bir çalışmada; beyazların siyahilerden çok daha yüksek sıklıkta $ALAD_2$ alelini taşımasıyla, beyazların toksisite ve beyin tümörüne karşı siyahilerden daha yatkın olduğu sonucu çıkarılabilir (Montenegro ve ark., 2006). ALAD polimorfizmi, ayrıca yaşla bağlantılı AD ve PD gibi hastalıkların oksidatif durumlarıyla ilgili önemli bilgiler verebilir (Rocha ve ark., 2012).

Kurşun kaynaklı δ-ALAD inhibisyonu, oksidatif stresin nedeninin belirleyicisi olabilir (Ahamed ve ark., 2006). $ALAD_2$ aleli taşıyan yaşlı bireyler; kavrayışsal fonksiyonlar üzerinde etkili olan hastalık durumlarında düşük düzey kurşun maruziyetinde bile advers etkilere daha yatkın olabilirler (Weuve ve ark., 2006).

ALAD genotipi ve öz-farkındalık arasındaki ilişkiyi araştıran sınırlı sayıda çalışma vardır. Bu çalışmalardan birinde insomni, baş dönmesi, dalgınlık ve abdominal ağrının; kurşun işçilerinde görülen ana belirtiler olduğu belirlenmiş; $ALAD_{1-2}$ genotipli bireylerde bu belirtilerin, $ALAD_{1-1}$ genotiplilerden çok daha sık olduğu gözlenmiştir. Çalışmada; $ALAD_2$ alt ünitesinin kurşunu biyolojik olarak kullanılamayan bir şekilde muhafaza ettiği, bu yüzden $ALAD_2$ aleli taşıyan bireylerin kurşunun etkilerinden korunduğu ve $ALAD_1$ aleli taşıyanlardan daha uzun süreli maruziyetleri tolere edebildiği önerilmiştir (Yang ve ark., 2012).

Ratlarda endoplazmik retikulum üzerine kurşun toksisitesi sonucu, mikrozomal enzimlerin % 50 oranında inhibe olduğu ve % 40 oranında protein ekspresyonunu azalttığı neticesine ulaşılmıştır (Fowler, 1978).

Erkeklerde mevcut ve birikmiş vücut kurşun yükü ile psikiyatrik belirti riski arasında zararlı bir ilişki gözlenmiş ve bu ilişkinin, ALAD polimorfizmi tarafından modifiye edilebildiği önerilmiştir. Kurşun, psikiyatrik semptom gelişimi için potansiyel bir risk faktörü olabilir (Rajan ve ark., 2007).

ALAD'ın diğer çalışmalarda ve bizim çalışmamızda araştırılan polimorfizminin dışında bilinen diğer 7 polimorfizminin (Fujihara ve ark., 2009); kurşun toksisitesine yatkınlığı etkileyip etkilemediği de bilim insanlarının ileride araştırabileceği konular arasındadır.

5. SONUÇ VE ÖNERİLER

- Çalışmamızda, yeni doğum yapmış 97 gönüllü annenin;

  1. % 92,8'si homozigot tipik ($ALAD_{1-1}$)
  2. % 6,2'si heterozigot ($ALAD_{1-2}$)
  3. % 1,0'i homozigot atipik genotip ($ALAD_{2-2}$) olarak bulunmuştur.

- Annelerdeki polimorfizm alel frekansları (n:194);

  1. $ALAD_1$ alel frekansı; % 95,9 (n:186),
  2. $ALAD_2$ alel frekansı ise % 4,1 (n:8) olarak belirlenmiştir.

- Annelerden alınan plasenta örneklerinde ise;

  1. Ortalama Pb konsantrasyonu; Pb= 8,35±3,08 ppb
  2. $ALAD_{1-1}$ genotipli bireylerde (n: 90) Pb konsantrasyonu; Pb= 8,03±2,73 ppb,
  3. $ALAD_{1-2}$ genotipli bireylerde (n:6) Pb konsantrasyonu; Pb= 11,41±4,07 ppb,
  4. $ALAD_{2-2}$ genotipli bireyde (n:1) Pb konsantrasyonu; Pb= 18,53 ppb olarak bulunmuştur.

- Bu sonuçlara göre;

1. ALAD G177C genotipli anneler ile plasentalarındaki Pb düzeyleri arasında istatistiksel olarak anlamlı ilişki bulunmuştur (p=0,025).
2. $ALAD_{1-2}$ ve $ALAD_{2-2}$ genotipli annelerin plasentalarındaki Pb düzeylerinin, $ALAD_{1-1}$ genotipli annelerin plasentalarındaki Pb düzeylerinden yüksek olduğu belirlenmiştir.
3. $ALAD_2$ aleli taşıyan annelerin plasentasındaki Pb düzeyi, $ALAD_2$ aleli taşımayan annelerdeki Pb düzeyine göre istatistiksel olarak anlamlı şekilde yüksek bulunmuştur (p=0,010).
4. Çalışmaya katılan annelerin yaş ortalamaları 29,63±4,94 olarak hesaplanmış ve anne yaşı ile plasenta Pb düzeyi arasında bir korelasyon tespit edilememiştir (p>0,05).

Çalışmamız sonucunda; ALAD G177C tek nükleotid polimorfizmine sahip bireylerde plasentadaki Pb düzeyi, ALAD G177C tek nükleotid polimorfizmine sahip olmayan bireylerdeki plasenta Pb düzeyinden daha yüksek olarak belirlenmiştir. Plasentanın yoğun miktarda kan içerdiği göz önünde bulundurulduğunda bu sonuç; *Ziemsen ve ark* ile *Wetmur ve ark'*nın çalışmaları gibi $ALAD_2$ izozimi yükü hipotezini desteklemektedir. Bu hipoteze göre; $ALAD_2$ alelini taşıyan bireylerde kurşun, kanda ve plasenta gibi yoğun şekilde kan içeren sistemlerde alıkonmaktadır. Bu sayede kurşun; beyin ve karaciğer gibi toksikolojik açıdan önemli organlardan uzak tutulmakta ve bu organlar, kurşunun zararlı etkilerinden kısmi olarak korunmuş olmaktadır. Bu nedenle $ALAD_{1-2}$ ve $ALAD_{2-2}$ genotipli bireylerin, polimorfizmin modifiye edici özelliği ile Pb toksisitesi yönünden $ALAD_{1-1}$ genotipli bireylere göre daha avantajlı bir durumda olduğu söylenebilir. Başka bir deyişle, plasentalarında daha yüksek oranda Pb barındıran $ALAD_{1-2}$ ve $ALAD_{2-2}$ genotipli annelerin bebeklerinin; metal toksisitesi yönünden $ALAD_{1-1}$ genotipli annelerin bebeklerine göre daha riskli olabileceği, bu durumun ise onların gelecekteki fizyolojik ve psikolojik yapılarını etkileyeceği görüşü savunulabilir.

Literatürde, ALAD polimorfizmi ve plasentadaki kurşun düzeyinin belirlendiği bağımsız çalışmalar bulunmakla birlikte; bu çalışma, ALAD polimorfizminin plasentadaki kurşun düzeyine etkisini araştırması yönüyle orijinal bir çalışma olmuştur.

$ALAD_2$ aleline toplumlarda az rastlanması; ALAD G177C tek nükleotid polimorfizmi ile Pb arasındaki ilişkinin araştırıldığı bu ve diğer çalışmalarda, sağlıklı karşılaştırmalar yapılabilmesini zorlaştırmaktadır. Bu nedenle daha geniş popülasyonlarda ve farklı toplumlarda ALAD gen polimorfizmleri ve Pb toksisitesi arasındaki bağıntıyı araştıran çalışmaların yapılması önerilmektedir.

ÖZET

Kurşunun Plasentadaki Düzeyine Anne Delta-Aminolevülinik Asit Dehidrataz (ALAD) Polimorfizminin Etkisi

Çalışmamızın amacı; Türk popülasyonundaki ALAD G177C polimorfizminin sıklığını tespit etmek, plasenta örneklerindeki Pb düzeylerini belirleyerek annenin ALAD G177C polimorfizmi ile plasentadaki Pb düzeyi arasındaki ilişkiyi araştırmak, bu polimorfizmin plasentadaki Pb düzeyi üzerine modifiye edici etkisinin olup olmadığını tespit etmek ve bebeklerde Pb toksisitesi nedeniyle ortaya çıkabilecek sağlık sorunlarına dikkat çekebilmektir.

Porfobilinojen sentaz (PBGS) olarak da bilinen δ-ALAD, hem biyosentez yolağındaki 2. enzimdir. Sitoplazmik ve aerobik organizmalar için esansiyel bir metalloenzim olan δ-ALAD, kurşun tarafından stokiyometrik olarak inhibe edilir.

Kromozom 9q34 üzerinde lokalize olan ALAD, tek bir gen tarafından sentezlenir. Enzim genlerinin çoğunda olduğu gibi ALAD da polimorfiktir. Gen üzerinde 8 adet gen varyantı tarif edilmiştir. Bu polimorfizmler içerisinde en yaygın ve popüler olanı; ALAD geninde ekson 4'te tespit edilen pozisyon 177'deki G→C transversiyonudur. Bu transversiyon; $ALAD_1$ ve $ALAD_2$ şeklinde 2 kodominant alelin, $ALAD_{1-1}$, $ALAD_{1-2}$ ve $ALAD_{2-2}$ şeklinde 3 fenotipin ortaya çıkmasına neden olur.

Çalışmanın ilk bölümünde, yeni doğum yapmış 97 gönüllü annenin plasenta örneklerinde Pb konsantrasyonları ölçüldü. Ölçüm için grafit fırınlı AAS tekniği kullanıldı.

Çalışmanın ikinci bölümünde ise, bu annelerin kan örneklerinde ALAD G177C tek nükleotid polimorfizmi (SNP) araştırıldı. İzole edilen DNA'ların ALAD bölgesi, PCR tekniği ile amplifiye edildi. PCR ürünü olan oligonükleotidler RFLP tekniği ile kesildi. Bireylerde polimorfizm genotip frekansları; % 92,8'si homozigot tipik, % 6,2'si heterozigot, % 1,0'i homozigot atipik genotip olarak belirlendi. Alel frekansları ise; $ALAD_1$ alel frekansı % 95,9 ve $ALAD_2$ alel frekansı % 4,1 olarak tespit edildi.

Çalışmanın sonucunda; Pb düzeyinin, homozigot atipik genotipte (18,53 ppb), heterozigot (11,41±4,07 ppb) ve homozigot tipik genotiplerden (8,03±2,73 ppb) istatistiksel olarak yüksek olduğu belirlendi ($p=0,010$). Anne yaşı (29,63±4,94) ile plasenta Pb düzeyi arasında ise korelasyon tespit edilmedi ($p>0,05$).

Anahtar Sözcükler: ALAD, Anne Kanı, Hem, Kurşun, Plasenta, Polimorfizm

SUMMARY

The Effect of Maternal Delta-Aminolevulinic Acid Dehydratase (ALAD) Polymorphism on Lead Levels in Placenta

The aim of our study is to determine the frequency of ALAD G177C polymorphism in Turkish population, research the correlation between maternal ALAD G177C polymorphism with Pb levels in placenta thanks to determining Pb levels in placenta samples, detect whether this polymorphism has a modified effect on Pb levels in placenta and manage to draw attention to the health problems because of Pb toxicity in infant.

δ-ALAD known as porphobilinogen syntase (PBGS), is the second enzyme of heme biosyntesis pathway. δ-ALAD, an essential metalloenzyme for cytoplasmic and aerobic organism, is inhibited by lead stoichiometrically.

ALAD, localized on chromosome 9q34, synthesized by a single gene. ALAD is polymorphic as well as most of enzyme genes. 8 gene variants have been described on the gene. G→C transversion on exon 4 position 177 is the most widespread and popular one among these polymphormisms. This transversion causes to occur 2 codominant allel $ALAD_1$ and $ALAD_2$ with 3 phenotype $ALAD_{1-1}$, $ALAD_{1-2}$ and $ALAD_{2-2}$.

In the first part of the study, Pb concentration was measured in placenta samples of 97 volunteer puerperants. Graphite furnace AAS technique was used for the measuring.

In the second part of the study, ALAD G177C single nucleotide polymorphism (SNP) was investigated in these mothers' blood samples. The ALAD region of the isolated DNAs, were amplified via PCR technique. The amplified oligonucleotides were cut via RFLP technique. The polymorphism genotype frequency of the individuals were determined; % 92,8 homozygote typical, % 6,2 heterozygote and % 1,0 homozygote atypical genotype. The allel frequency of the individuals were determined; % 95,9 for $ALAD_1$ and % 4,1 for $ALAD_2$.

In consequence of the study; Pb levels in homozygote atypical genotype (18,53 ppb) were determined higher than heterozygote (11,41±4,07 ppb) and homozygote typical genotype (8,03±2,73 ppb) statistically (p=0,010). There was no correlation between maternal age (29,63±4,94) and Pb levels in placenta (p>0,05).

Key Words: ALAD, Heme, Lead, Placenta, Polymorphism

KAYNAKLAR

AAS HANDOUT. (2012). http://ebookbrowse.com/aas-handout-pdf-d344022656 (Erişim tarihi: 22 Kasım 2012).

AHAMED, M., VERMA, S., KUMAR, A., SIDDIQUI, M.KJ. (2006). Delta-Aminolevulinic Acid Dehydratase Inhibition and Oxidative Stress in Relation to Blood Lead Among Urban Adolescents. *Human & Experimental Toxicology,* **25**:547-553.

AHAMED, M., AKHTAR, M.J., VERMA, S., KUMAR, A., SIDDIQUI, M.KJ. (2011). Environmental Lead Exposure as a Risk for Childhood Aplastic Anemia. *BioScience Trends.,* **5**(1):38-43.

AJIOKA, R.S., PHILLIPS, J.D., KUSHNER, J.P. (2006). Biosynthesis of Heme in Mammals. *Biochimica et Biophysica Acta,* **1763**(2006):723-736.

ALMIRANTIS, Y. (2005). The Paradox of the Planetary Metals. *Journal of Scientific Exploration,* **19**(1):31-42.

ATSDR-CSEM. (2010). Lead Toxicity. http://www.atsdr.cdc.gov/csem/lead/docs/lead.pdf (Erişim tarihi: 20 Kasım 2011).

ATSDR. (2011). The ATSDR 2011 Substance Priority List. http://www.atsdr.cdc.gov/SPL/index.html (Erişim tarihi: 30 Kasım 2012).

BARANOWSKA, I. (1995). Lead and Cadmium in Human Placentas and Maternal and Neonatal Blood (in a heavily polluted area) Measured by Graphite Furnace Atomic Absorption Spectrometry. *Occupational and Environmental Medicine,* **52**:229-232.

BARBOSA JR, F., TANUS-SANTOS, J.E., GERLACH, R.F., PARSONS, P.J. (2005). A Critical Review of Biomarkers Used for Monitoring Human Exposure to Lead: Advantages, Limitations, and Future Needs. *Environmental Health Perspectives,* **113**(12):1669-1674.

BERGDAHL, I.A. (1998). Lead-Binding Proteins – A Way to Understand Lead Toxicity? *Analusis Magazine (EDP Sciences),* **26**(6):81-84.

BERNARD, B.P., BECKER, C.E. (1988). Environmental Lead Exposure and the Kidney. *Clinical Toxicology,* **26**(1&2):1-34.

BLABER, M. (1998). http://www.ufrgs.br/depbiot/blaber/section5/section5.htm (Erişim tarihi: 10 Kasım 2012).

CAMPAGNA, D., HUEL, G., GIRARD, F., SAHUQUILLO, J., BLOT, P. (1999). Environmental Lead Exposure and Activity of δ-Aminolevulinic Acid Dehydratase (ALA-D) in Maternal and Cord Blood. *Toxicology (Elsevier Inc),* **134**(1999):143-152.

CHAI, S., WEBB, C.R. (1988). Effects of Lead on Vascular Reactivity. *Environmental Health Perspectives.,* **78**:85-89.

ÇŞB TOPRAK KİRLİLİĞİNİN KONTROLÜ YÖNETMELİĞİ. (2005). http://www.ibb.gov.tr/ (8 Kasım 2012).

ÇSGB MESLEK HASTALIKLARI REHBERİ. (2011). http://www.csgb.gov.tr/csgbPortal/ShowProperty/WLP%20Repository/isggm/dosyalar/Meslek-Hastaliklari-Kitab%C4%B1 (Erişim tarihi: 9 Kasım 2012).

DAILEY, H.A. (1997). Enzymes of Heme Biosynthesis. *JBIC.,* **2**:411-417.

DELİGEZER, U., AKIŞIK, E.E., DALAY, N. (2004). Gen Polimorfizm Analizinde LightCycler Floresan PCR Tekniğinin Kullanılması: Myeloid Lösemili Çocuk ve

Yetişkin Hastalarda MTHFR C677T Gen Polimorfizm Dağılımının Belirlenmesi. *Türk Onkoloji Dergisi,* **19**(4):134-139.

DOĞU, O., LOUIS, E.D., TAMER, L., ÜNAL, Ö., YILMAZ, A., KALEAĞASI, H. (2007). Elevated Blood Lead Concentrations in Essential Tremor: A Case–Control Study in Mersin, Turkey. *Environmental Health Perspectives,* **115**(11):1564-1568.

DOSS, M.O., KÜHNEL, A., GROSS, U. (2000). Alcohol and Porphyrin Metabolism. *Alcohol & Alcoholism,* **35**(2):109-125.

DUFFUS, J.H. (2001). Heavy Metals - A Meaningless Term. Chemistry International, **23**(6):1-5.

EKMEKÇİ, A., KONAÇ, E., ÖNEN, İ.H. (2008). Gen Polimorfizmi ve Kansere Yatkınlık. *Marmara Medical Journal,* **21**(3):282-295.

EMİR, F., ÖZDEN, A. (2006). Genetik Polimorfizm ve Polimorfizm Çalışmaları. *Güncel Gastroenteroloji,* **10**(1):24-28.

ERXLEBEN, A. (2009). Atomic Absorption Spectroscopy. http://www.nuigalway.ie/chemistry/level2/courses/CH205_atomic_absorption_spectroscopy.pdf (Erişim tarihi: 12 Kasım 2012).

EU, DG ENTR. (2005). TNO Report Risks to Health and the Environment Related to the Use of Lead in Products. http://ec.europa.eu/enterprise/sectors/chemicals/files/studies/tno-lead_en.pdf (Erişim tarihi: 15 Nisan 2012).

FACHINETTO, R., PIVETTA, L.A., FARINA, M., PEREIRA, R.P., NOGUEIRA, C.W., ROCHA, J.B.T. (2006). Effects of Ethanol and Diphenyl Diselenide Exposure on the Activity of δ-Aminolevulinate Dehydratase From Mouse Liver and Brain. *Food and Chemical Toxicology (Elsevier Inc),* **44**(2006):588-594.

FOWLER, B.A. (1978). General Subcellular Effects of Lead, Mercury, Cadmium, and Arsenic *Environmental Health Perspectives,* **22**:37-41.

FRANKENBERG, N., HEINZ, D.W., JAHN, D. (1999). Production, Purification, and Characterization of a Mg^{2+}-Responsive Porphobilinogen Synthase from Pseudomonas aeruginosa. *Biochemistry,* **38**(42): 13968-13975.

FRERE, F., SCHUBERT, W.D., STAUFFER, F., FRANKENBERG, N., NEIER, R., JAHN, D., HEINZ, D.W. (2002). Structure of Porphobilinogen Synthase from Pseudomonas aeruginosa in Complex with 5-Fluorolevulinic Acid Suggests a Double Schiff Base Mechanism. *J. Mol. Bio (Elsevier Inc).,* **320**:237-247.

FUJIHARA, J., AGUSA, T., YASUDA, T., SOEJIMA, M., KATO, H., PANDURO, A., KODA, Y., KIMURA-KATAOKA, K., TAKESHITA, H. (2009). Ethnic Variation in Genotype Frequencies of δ-Aminolevulinic Acid Dehydratase (ALAD). *Toxicology Letters,* **191**(2009):236-239.

GAO, A., LU, X., LI, Q., TIAN, L. (2010). Effect of the Delta-Aminolevulinic Acid Dehydratase Gene Polymorphism on Renal and Neurobehavioral Function in Workers Exposed to Lead in China. *Science of the Total Environment,* **408**(2010):4052-4055.

GARCIA, R., BAEZ, A.P. (2012). Atomic Absorption Spectrometry (AAS). Atomic Absorption Spectroscopy, Dr. Muhammad Akhyar Farrukh (Ed.), ISBN: 978-953-307-817-5, InTech, Available from: http://www.intechopen.com/books/atomic-absorption-spectroscopy/atomic-absorption-spectrometry-aas.

GILBERT, S.G. (2012). A Small Dose of Toxicology, The Health Effects of Common Chemicals. *Healthy World Press, 2nd Edition*, p.: 95-107.

GONICK, H.C. (2011). Lead-Binding Proteins: A Review. *Journal of Toxicology (Hindawi Pub),* **10.1155**(2011):1-10.

GOYER, R.A. (1997). Toxic and Essential Metal Interactions. *Annu. Rev. Nutr.,* **17**:37-50.

GOYER, R.A., MAHAFFEY, K.R. (1972). Susceptibility to Lead Toxicity. Environmental Health Perspectives, 73-80.

GOYER, R.A., EPSTEIN, S., BHATTACHARYYA, M., KORACH, K.S., POUNDS, J. (1994). Environmental Risk Factors for Osteoporosis. *Environmental Health Perspectives,* **102**(4):390-394.

GTHB TÜRK GIDA KODEKSİ GIDA MADDELERİNDEKİ BULAŞANLARIN MAKSİMUM LİMİTLERİ HAKKINDA TEBLİĞ. (2008). http://www.iegm.gov.tr/Folders/TheLaws/gida_madde_teblig_d65ce77.pdf (Erişim tarihi: 8 Kasım 2012).

GUNDACKER, C., WITTMANN, K.J., KUKUCKOVA, M., KOMARNICKI, G., HIKKEL, I., GENCIK, M. (2009). Genetic Background of Lead and Mercury Metabolism in a Group of Medical Students in Austria *Environmental Research,* **109**(2009):786-796.

GUNDACKER, C., HENGSTSCHLAGER, M. (2012). The Role of the Placenta in Fetal Exposure to Heavy Metals. *Wien Med Wochenschr (Springer-Verlag),* **162**(9-10):201-206.

GUPTA, G.S., SINGH, J., GUPTA, A. (1997). Trace Metals and Metalloenzyrnes in Placenta After Oral Administration of Lead Acetate. *Biological Trace Element Research,* **60**:145-152.

GURER, H., ERCAL, N. (2000). Can Antioxidants Be Beneficial in the Treatment of Lead Poisoning? *Free Radical Biology & Medicine (Elsevier Inc),* **29**(10):927-945.

HERNBERG, S. (2000). Lead Poisoning in a Historical Perspective. *American Journal of Industrial Medicine,* **38**:244-254.

HOUSMAN, D. (1995). Molecular Medicine Human DNA Polimorphism. *N. Engl. J. Med.,* **332**(5):318-320.

HU, H., SHIH, R., ROTHENBERG, S., SCHWARTZ, B.S. (2007). The Epidemiology of Lead Toxicity in Adults: Measuring Dose and Consideration of Other Methodologic Issues. *Environmental Health Perspectives,* **115**(3):455-462.

HUBERMONT, G., BUCHET, J.P., ROELS, H., LAUWERYS, R. (1978). Placental Transfer of Lead, Mercury and Cadmium in Women Living in a Rural Area. Importance of Drinking Water in Lead Exposure. *Int Arch Occup Environ Hlth.,* **41**: 117-124.

IARC. (2006). IARC Monographs on the Evaluation of Carcinogenic Risks to Humans. Volume 87: Inorganic and Organic Lead Compounds. http://monographs.iarc.fr/ENG/Monographs/vol87/mono87.pdf (Erişim tarihi: 20 Kasım 2011).

INTEGRATED DNA TECHNOLOGIES IDTutorial: Restriction Endonucleases. (2005). http://cdn.idtdna.com/support/technical/TechnicalBulletinPDF/Restriction_Endonucleases.pdf (Erişim tarihi: 19 Kasım 2012).

JAFFE, E.K., VOLIN, M., BRONSON-MULLINS, C.R., DUNBRACK JR, R.L., KERVINEN, J., MARTINS, J., QUINLAN, J.F., SAZINSKY, M.H., STEINHOUSE, E.M. (2000). An Artificial Gene for Human Porphobilinogen Synthase Allows Comparison of an Allelic Variation Implicated in Susceptibility to Lead Poisoning. *The Journal of Biological Chemistry,* **275**(4):2619-2626.

JONES, A. (2009). Emerging Aspects of Assessing Lead Poisoning in Childhood. *Emerging Health Threats Journal,* **2**(3):1-9.

KADLUBAR, F.F. (2002). Genetic polymorphisms. *Molecular Genetics & Therapy-International Symposium on Predictive Oncology and Intervention Strategies.*

KAYAALTI, Z., TEKİN, D., ALİYEV, V., YALÇIN, S., KURTAY, G., SÖYLEMEZOĞLU, T. (2011). Effects of the Interleukin-6 (IL-6) Polymorphism on Toxic Metal and Trace Element Levels in Placental Tissues. *Science of the Total Environment (Elsevier Inc),* **409**(2011):4929-4933.

KELADA, S.N., SHELTON, E., KAUFMANN, R.B., KHOURY, M.J. (2001). δ-Aminolevulinic Acid Dehydratase Genotype and Lead Toxicity: A HuGE Review. *American Journal of Epidemiology,* **154**(1):1-13.

KIM, H.S., LEE, S.S., LEE, G.S., HWANGBO, Y., AHN, K.D., LEE, B.K. (2004). The Protective Effect of δ-Aminolevulinic Acid Dehydratase 1-2 and 2-2 Isozymes Against Blood Lead with Higher Hematologic Parameters. *Environmental Health Perspectives,* **112**(5):538-541.

KIMBALL, J. (2011). Polimorphisms. http://users.rcn.com/jkimball.ma.ultranet/BiologyPages/P/Polymorphisms.html (Erişim tarihi: 16 Kasım 2012).

KOPLIK, R. (2012). Atomic Absorption Spectrometry (AAS). Advanced Strategies in Food Analysis. http://web.vscht.cz/poustkaj/EN%20ASFA%20AU%20Koplik%20Atomic%20spectrometry.pdf (Erişim tarihi: 22 Kasım 2012).

KOVARIK, W. (2005). Ethyl-leaded Gasoline: How a Classic Occupational Disease Became an International Public Health Disaster. *Int J Occup Environ Health,* **11**:384-397.

KUTLU, M., SÜMER, S. (2008). Some Biochemical Properties of δ-Aminolevulinic Acid Dehydratase in Gammarus Pulex. *Food and Chemical Toxicology (Elsevier Inc),* **46**(2008):115-118.

LAYER, G., REICHELT, J., JAHN, D., HEINZ, D.W. (2010). Structure and Function of Enzymes in Heme Biosynthesis. *Protein Science (Wiley-Blackwell Pub),* **19**:1137-1161.

ILA. (2001). Lead - The Facts. http://www.ila-lead.org/UserFiles/File/factbook/leadTheFacts.pdf (Erişim tarihi: 31 Mart 2012).

LEE, M.K., CHO, S.Y., KIM, D.J., JANG, J.Y., SHIN, K.H., PARK, S.A., PARK, E.M., LEE, J.S., CHOI, M.S., LEE, J.S., KIM, M.J (2005). Du-zhong (*Eucommia ulmoides* Oliv.) Cortex Water Extract Alters Heme Biosynthesis and Erythrocyte Antioxidant Defense System in Lead-Administered Rats. *J Med Food,* **8**(1):86-92.

LESSER, M.A. (1988). Lead and Lead Poisoning from Antiquity to Modern Times. *Ohio J. Sci.,* **88**(3):78-84.

LIFE EXTENSION. Heavy Metal Toxicity. http://www.lef.org/protocols/prtcls-txt/t-prtcl-156.html (Erişim tarihi: 9 Kasım 2011).

LIU, J., GOYER, R.A., WAALKES, M.P. "Toxic Effects of Metals". C. D. Klaassen, Eds. Casarett & Doull's Essentials of Toxicology: The Basic Science of Poisons, 7th ed. McGraw-Hill, New York, 2008. p.: 943-947.

LOCKE, J. (2011). Lecture 27-An Introduction to Polymerase Chain Reaction (PCR), http://www.biology.ualberta.ca/courses.hp/bio207.hp/locke/lec_27_F11_OHL.pdf (Erişim tarihi: 18 Kasım 2012).

LOUIS, E.D., APPLEGATE, L., GRAZIANO, J.H., PARIDES, M., SLAVKOVICH, V., BHAT, H.K. (2005). Interaction Between Blood Lead Concentration and δ-Amino-Levulinic Acid Dehydratase Gene Polymorphisms Increases the Odds of Essential Tremor*Movement Disorders,* **20**(9):1170-1177.

MAY, G. (2011). ILZSG Lead/Acid Batteries. http://www.ilzsg.org/generic/pages/list.aspx?table=document&ff_aa_document_type=P&from=5 (Erişim tarihi: 25 Mart 2012).

MICAELO, N.M., MACEDO, A.L., GOODFELLOW, B.J., FELIX, V. (2010). Tetrapyrrole Binding Affinity of the Murine and Human p22HBP Heme-Binding

Proteins. *Journal of Molecular Graphics and Modelling* (Elsevier Inc), **29**(2010):396-405.

MIJARES, I.A., LOPEZ, P., ROSADO, J.L., CEBRIAN, A., VERA-AGUILAR, E., ALATORRE, J., QUINTANILLA-VEGA, M.B., ROJAS GARCIA, A.E. (2006). Delta-Aminolevulinic Acid Dehydratase Genotype and Its Relationship with Blood Lead and Zinc Protoporphyrin Levels in Lead-Exposed Children Living in a Smelter Community in Northern Mexico. *Toxicology Mechanisms and Methods,* **16**:41-47.

MONTENEGRO, M.F., BARBOSA JR, F., SANDRIM, V.C., GERLACH, R.F., TANUS-SANTOS, J.E. (2006). Ethnicity Affects the Distribution of δ-Aminolevulinic Acid Dehydratase (ALAD) Genetic Variants. *Clinica Chimica Acta,* **367**(2006):192-195.

MONTENEGRO, M.F., BARBOSA JR, F., TANUS-SANTOS, J.E. (2008). Assessment of How Pregnancy Modifies Plasma Lead and Plasma/Whole Blood Lead Ratio in ALAD 1-1 Genotype Women. *Basic & Clinical Pharmacology & Toxicology,* **102**:347-351.

MORSCH, V.M., SCHETINGER, M.R.C., MARTINS, A.F., ROCHA, J.B.T. (2002). Effects of Cadmium, Lead, Mercury and Zinc on δ-Aminolevulinic Acid Dehydratase Activity From Radish Leaves, *Biologia Plantarum,* **45**(1):85-89.

MYLLYNEN, P., PASANEN, M., PELKONEN, O. (2005). Human Placenta: a Human Organ for Developmental Toxicology Research and Biomonitoring. *Plasenta (Elsevier Inc),* **26**:361-371.

NEEDLEMAN, H. (2009). Low Level Lead Exposure: History and Discovery. *Ann Epidemiol (Elsevier Inc),* **19**:235-238.

OGUNSEITAN, O.A., YANG, S., ERICSON, J. (2000). Microbial δ-Aminolevulinate Dehydratase As a Biosensor of Lead Bioavailability in Contaminated Environments. *Soil Biology & Biochemistry,* **32**(2000):1899-1906.

ONALAJA, A.O., CLAUDIO, L. (2000). Genetic Susceptibility to Lead Poisoning. *Environmental Health Perspectives,* **108**(1):23-28.

ÖZDAĞ, H. (2012). PCR Temelli Genetik Analiz Yaklaşımları Ders Notları. http://www.ozdaglab.com/styled-21/downloads/index.html (Erişim tarihi: 10 Kasım 2012).

VAN DER AA, E.M., COPIUS PEEREBOOM-STEGEMAN, J.H.J., NOORDHOEK, J., GRIBNAU, F.W.J., RUSSEL, F.G.M. (1998). Mechanisms of Drug Transfer Across the Human Placenta. *Pharm World Sci.,* **20**(4):139-148.

PASANEN, M. (1999). The Expression and Regulation of Drug Metabolism in Human Placenta *Advanced Drug Delivery Reviews (Elsevier Inc),* **38**(1999):81-97.

PHILLIPS, T. (2012). Polimorphism, http://biotech.about.com/od/glossary/g/polymorphism.htm (Erişim tarihi: 10 Kasım 2012).

PHILLIPS, T. (2012). RFLP. http://biotech.about.com/od/glossary/g/RFLPdef.htm (Erişim tarihi: 10 Kasım 2012).

PLEWINSKA, M., THUNELL, S., HOLMBERG, L., WETMUR, J.G., DESNICK, R.J. (1991). δ-Aminolevulinate Dehydratase Deficient Porphyria: Identification of the Molecular Lesions in a Severely Affected Homozygote. *Am. J. Hum. Genet.,* **49**:167-174.

PRAUCHNER, C.A., S.PRESTES, A., ROCHA, J.B.T. (2011). Effects of Diphenyl Diselenide on Oxidative Stress Induced By Sepsis in Rats. *Pathology – Research and Practice (Elsevier Inc),* **207**(2011):554-558.

RAJAN, P., KELSEY, K.T., SCHWARTZ, J.D., BELLINGER, D.C., WEUVE, J., SPARROW, D., SPIRO III, A., SMITH, T.J., HUILING, N., HU, H. WRIGHT, R.O. (2007). Lead Burden and Psychiatric Symptoms and the Modifying Influence of the δ-Aminolevulinic Acid Dehydratase (ALAD) Polymorphism. *American Journal of Epidemiology,* 166(12):1400-1408.

ROCHA, J.B.T., TUERLINCKX, S.M., SCHETINGER, M.R.C., FOLMER, V. (2004). Effect of Group 13 Metals on Porphobilinogen Synthase in Vitro. *Toxicology and Applied Pharmacology (Elsevier Inc),* **200**(2004):169-176.

ROCHA, J.B.T., SARAIVA, R.A., GARCIA, S.C., GRAVINA, F.S., NOGUEIRA, C.W. (2012). Aminolevulinate Dehydratase (δ-ALAD) As Marker Protein of Intoxication With Metals and Other Pro-oxidant Situations. *Toxicology Research,* **1**:85-102.

SAKAI, T. (2000). Biomarkers of Lead Exposure. *Industrial Health,* **38**:127-142.

SAKAGUCHI, S., SAKAGUCHI, T., NAKAMURA, I., AMINAKA, M., TANAKA, T., KUDO, Y. (2007). Effect of Beryllium Chloride on Porphyrin Metabolism in Pregnant Mice Administered By Subcutaneous Injection. *Journal of Toxicology and Environmental Health: Current Issues,* **50**(5):507-517.

SCINICARIELLO, F., MURRAY, E.H., MOFFETT, D.B., ABADIN, H.G., SEXTON, M.J., FOWLER, B.A. (2007). *Environmental Health Perspectives,* **115**(1):35-41.

SHAIK, A.P., JAMIL, K. (2008). ALAD Gene Polymorphisms Associated With Lead Exposure. *Toxicology and Industrial Health,* **24**:501-506.

SHAIK, A.P., KHAN, M., JAMIL, K. (2009). Phylogenetic Analysis of ALAD and MGP Genes Related to Lead Toxicity. *Toxicology and Industrial Health,* **25**:403-409.

SKERFVING, S., BERGDAHL, I.A. "Lead". G. F. Nordberg, B. A. Fowler, M. Nordberg,
L. Friberg, Handbook on the Toxicology of Metals, 3rd ed. Academic Press, Inc., USA, SWEEDEN, 2007. Chapter:31.

SKOOG, D.A., HOLLER, J.F., NIEMAN, T.A. "Principles of Instrumental Analysis", 5th
ed. Harcourt Brace & Company; E. Kılıç, F. Köseoğlu, H. Yılmaz, Eds. "Enstrümantal Analiz İlkeleri", 1.baskı, Bilim Yayıncılık, USA, 1998. s.: 116-140.

SMITH, K. (2002). Genetic Polymorphism and SNPs. Genotyping, Haplotype Assembly Problem, Haplotype Map, Functional Genomics and Proteomics. http://www.cs.mcgill.ca/~kaleigh/compbio/snp/snp_summary.html (Erişim tarihi: 22 Mart 2012).

SOBIN, C., PARISI, N., SCHAUB, T., GUTIERREZ, M., ORTEGA, A.X. (2011). δ-Aminolevulinic Acid Dehydratase Single Nucleotide Polymorphism 2 and Peptide Transporter 2*2 Haplotype May Differentially Mediate Lead Exposure in Male Children. *Arch Environ Contam Toxicol.,* **61**:521-529.

SÜZEN, S.H. (2001). Delta-Aminolevulinic Acid Dehydratase (ALAD) Genetic Polymorphism in Turkish Population. *J. Fac. Pharm., Ankara,* **30**(1):27-38.

SÜZEN, S.H., DUYDU, Y., AYDIN, A. (2004). Molecular Analysis of δ-Aminolevulinic Acid Dehydratase (ALAD) Gene Polymorphism in a Turkish Population. *Biochemical Genetics,* **42**(11/12):461-467.

TANAKA, R., KOBAYASHI, K., MASUDA, T. (2011). Tetrapyrrole Metabolism in Arabidopsis thaliana. *American Society of Plant Biologists,* **10.1199**:1-40.

TELISMAN, S., JURASOVIC, J., PIZENT, A., CVITKOVIC, P. (2001). Blood Pressure in Relation to Biomarkers of Lead, Cadmium, Copper, Zinc, and Selenium in Men Without Occupational Exposure to Metals. *Environmental Research Section A,* **87**:57-68.

TESMAN, J.R., HILLS, A. (1994). Social Policy Report-Developmental Effects of Lead Exposure in Children. *Society for Research in Child Development,* **8**(3):1-20.

TIAN, Y., GREEN, P.G., STAMOVA, B., HERTZ-PICCIOTTO, I., PESSAH, I.N., HANSEN, R., YANG, X., GREGG, J.P., ASHWOOD, P., JICKLING, G., VAN DE WATER, J., SHARP, F.R. (2011). Correlations of Gene Expression with Blood Lead Levels in Children with Autism Compared to Typically Developing Controls. *Neurotox Res.,* **19**:1-13.

THE PERKINELMER INC. (1996). Analytical Methods for Atomic Absorption Spectroscopy.http://eecelabs.seas.wustl.edu/files/Flame%20AA%20Operating%20 Manual.pdf (Erişim tarihi: 22 Kasım 2012).

TOPS, C.M.J., WIJNEN, J.T., HES, F.J. (2009). Introduction to Molecular and Clinical Genetics of Colorectal Cancer Syndromes. *Best Practice & Research Clinical Gastroenterology,* **23** (2009):127-146.

UKPID. (1996). Monograph for Lead. http://www.inchem.org/documents/ukpids/ukpids/ukpid25.htm (Erişim tarihi: 25 Mart 2012).

U.S. DHHS. (2003). Report on Carcinogens Background Document for Lead and Lead Compounds. http://ntp.niehs.nih.gov/ntp/newhomeroc/roc11/Lead-Public.pdf (Erişim tarihi: 5 Nisan 2012).

VAN BEMMEL, D.M., LI, Y., MCLEAN, J., CHANG, M., DOWLING, N.F., GRAUBARD, B., RAJARAMAN, P. (2011). Blood Lead Levels, ALAD Gene Polymorphisms, and Mortality. *Epidemiology*, **22**(2):273-278.

VAN BEMMEL, D.M., BOFFETTA, P., LIAO, L.M., BERNDT, S.I., MENASHE, I., YEAGER, M., CHANOCK, S., KARAMI, S., ZARIDZE, D., MATTEEV, V., JANOUT, V., KOLLAROVA, H., BENCKO, V., NAVRATILOVA, M., SZESZENIA-DABROWSKA, N., MATES, D., SLAMOVA, A., ROTHMAN, N., HAN, S.S., ROSENBERG, P.S., BRENNAN, P., CHOW, W-H., MOORE, L.E. (2011). Comprehensive Analysis of 5-Aminolevulinic Acid Dehydrogenase (ALAD) Variants and Renal Cell Carcinoma Risk among Individuals Exposed to Lead. *Plos One,* **6**(7):1-7.

VURAL, N. (1984). Toksikoloji, Ankara Üniversitesi Eczacılık Fakültesi Yayınları No:56, Ankara, s.: 28-29, 47, 315-324.

WANG, Q., ZHAO, H., CHEN, J., HAO, Q., GU, K., ZHU, Y., ZHOU, Y., YE, L. (2010). δ-Aminolevulinic Acid Dehydratase Activity, Urinary δ-Aminolevulinic Acid Concentration and Zinc Protoporphyrin Level Among People With Low Level of Lead Exposure. *Int. J. Hyg. Environ. Health.,* **213**(2010):52-58.

WEAVER, V.M., LEE, B.K., TODD, A.C., AHN, K.D., SHI, W., JAAR, B.G., KELSEY, K.T., KUSTBERG, M.E., SILBERGELD, E.K., PARSONS, P.J., WEN, J., SCHWARTZ, B.S. (2006). Effect Modification By δ-Aminolevulinic Acid Dehydratase, Vitamin D Receptor, and Nitric Oxide Synthase Gene Polymorphisms on Associations Between Patella Lead and Renal Function in Lead Workers. *Environmental Research (Elsevier Inc),* **102**(2006):61-69.

WEUVE, J., KELSEY, K.T., SCHWARTZ, J., BELLINGER, D., WRIGHT, R.O., RAJAN, P., SPIRO III, A., SPARROW, D., ARO, A., HU, H. (2006). Delta-Aminolevulinic Acid Dehydratase Polymorphism and the Relation Between Low Level Lead Exposure and the Mini-Mental Status Examination in Older Men: the Normative Aging Study. *Occup Environ Med.,* **63**:746-753.

WU, M.T., KELSEY, K., SCHWARTZ, J., SPARROW, D., WEISS, S., HU, H. (2003). A δ-Aminolevulinic Acid Dehydratase (ALAD) Polymorphism May Modify the Relationship of Low-Level Lead Exposure to Uricemia and Renal Function: The Normative Aging Study. *Environmental Health Perspectives,* **111**(3):335-340.

YANG, Y., WU, J., SUN, P. (2012). Effects of Delta-Aminolevulinic Acid Dehydratase Polymorphisms on Susceptibility to Lead in Han Subjects from Southwestern China. *International Journal of Environmental Research and Public Health,* **9**:2326-2338.

ZHENG, G., TIAN, L., LIANG, Y., BROBERG, K., LEI, L., GUO, W., NILSSON, J., BERGDAHL, I.A., SKERFVING, S., JIN, T. (2011). δ-Aminolevulinic Acid

Dehydratase Genotype Predicts Toxic Effects of Lead on Workers' Peripheral Nervous System. *NeuroToxicology*, **32**(2011):374-382.
(1) http://www.vanderkrogt.net/elements/element.php?sym=Pb (Erişim tarihi: 20 Mart 2012).
(2) http://www.chemicalelements.com/elements/pb.html (21 Mart 2012).
(3) http://penelope.uchicago.edu/~grout/encyclopaedia_romana/wine/leadpoisoning.html (23 Mart 2012).
(4) http://en.wikipedia.org/wiki/Porphyria (Erişim tarihi: 3 Aralık 2012).
(5) http://www.ncbi.nlm.nih.gov/projects/genome/probe/doc/TechPCR.shtml (Erişim tarihi: 8 Kasım 2012).
(6) http://www.ncbi.nlm.nih.gov/projects/genome/probe/doc/TechRFLP.shtml (Erişim tarihi: 8 Kasım 2012).
(7) http://ghr.nlm.nih.gov/gene/ALAD (Erişim tarihi: 8 Kasım 2012).
(8) http://www.cem.msu.edu/~cem333/Week09.pdf (Erişim tarihi: 12 Kasım 2012).
http://www.cancer.gov/cancertopics/understandingcancer/geneticvariation/page13 (Erişim tarihi: 20 Kasım 2012).
http://minerals.usgs.gov/minerals/pubs/mcs/2012/mcs2012.pdf (Erişim tarihi: 5 Kasım 2012).
http://users.ugent.be/~avierstr/principles/pcr.html (Erişim tarihi: 20 Kasım 2012).

ÖZGEÇMİŞ

I- Bireysel Bilgiler

Adı ve Soyadı: Selda SERT

Doğum Tarihi ve Yeri: 06.09.1986; TRABZON

Uyruğu: T.C.

Medeni Hali: Bekar

İletişim Bilgileri: Türk Standardları Enstitüsü (TSE) Kalite Kampüsü Kimya Laboratuvarı Müd. Cumhuriyet Mah. 2258 Sok. No: 10 Çayırova Tren İstasyonu Yanı Gebze/KOCAELİ

Tel: 0 (262) 723 1495; E-posta: ssert@tse.org.tr; seldasert.04@gmail.com

II- Eğitimi

2014-Günümüz İstanbul Teknik Üniversitesi, Fen Bilimleri Enstitüsü, Kimya Anabilim Dalı, Organik Kimya Bölümü

2010-2013 Ankara Üniversitesi, Sağlık Bilimleri Enstitüsü, Disiplinlerarası Adli Bilimler Anabilim Dalı, Adli Kimya ve Adli Toksikoloji Bölümü

2005-2009 Ankara Üniversitesi, Fen Fakültesi, Kimya Bölümü

2003-2004 Konya Selçuklu Anadolu Lisesi

1998-2003 Erzincan Anadolu Lisesi

1997-1998 Denizli Çivril Anadolu Lisesi

Yabancı Dili: İngilizce ve Rusça

III- İş Bilgileri

2014 TSE Deney ve Kalibrasyon Merkezi Bşk. Kimya Laboratuvarı Gebze Müd. - Deney Personeli

2011 TSE Belgelendirme Merkezi Bşk. Konya Belgelendirme Müd. - Belgelendirme Uzmanı

IV- Staj Bilgileri

2008 Ankara Kriminal Polis Laboratuvarı, Uyuşturucu ve Toksik Madde Analiz Birimi

2007 Marshall Boya ve Vernik A.Ş., Üretim Şefliği Bölümü

V- Katıldığı Eğitim ve Kurslar

- Türk Standardları Enstitüsü (TSE) - ***"TS EN ISO 9001 Kalite Yönetim Sistemi Tetkik Görevlisi/Baş Tetkik Görevlisi Eğitimi"*** sertifikası, 8-12 Şubat 2016, Kocaeli.
- Türk Standardları Enstitüsü (TSE) - ***"TS 18001 İş Sağlığı ve Güvenliği Risk Değerlendirme ve Derecelendirme Eğitimi"*** sertifikası, 6 Haziran 2014, Ankara.
- Türk Standardları Enstitüsü (TSE) - ***"Ölçüm Belirsizliği Eğitimi"*** sertifikası, 7 Mart 2014, Konya.
- Türk Standardları Enstitüsü (TSE) - ***"Genel Metroloji ve Kalibrasyon Eğitimi"*** sertifikası, 6 Mart 2014, Konya.
- Türk Standardları Enstitüsü (TSE) - ***"İş Sağlığı ve Güvenliği Risk Değerlendirme ve Derecelendirme Eğitimi"*** sertifikası, 4 Mart 2014, Konya.
- Türk Standardları Enstitüsü (TSE) - ***"TS 18001 İş Sağlığı ve Güvenliği Yönetim Sistemi Temel Eğitimi"*** sertifikası, 27-28 Şubat 2014, Konya.
- Türk Standardları Enstitüsü (TSE) - ***"TS EN ISO 14001 Çevre Yönetim Sistemi Temel Eğitimi"*** sertifikası, 27-28 Şubat 2014, Konya.
- Türk Standardları Enstitüsü (TSE) - ***"Sunum Teknikleri Eğitimi"*** sertifikası, 13-14 Şubat 2014, Konya.
- Türk Standardları Enstitüsü (TSE) - ***"Zaman Yönetimi Eğitimi"*** sertifikası, 12 Şubat 2014, Konya.
- Türk Standardları Enstitüsü (TSE) - ***"Stres ve Stres Yönetimi Eğitimi"*** sertifikası, 11 Şubat 2014, Konya.

- Türk Standardları Enstitüsü (TSE) - ***"İş ve İnsan İlişkileri Eğitimi"*** sertifikası, 10 Şubat 2014, Konya.
- Türk Standardları Enstitüsü (TSE) - ***"TS EN ISO/IEC 17025 (Deney ve Kalibrasyon Laboratuarları Yeterliliği için Genel Şartlar) İç Tetkik Eğitimi"*** sertifikası, 21-22 Kasım 2013, Konya.
- Türk Standardları Enstitüsü (TSE) - ***"TS EN ISO/IEC 17025 (Deney ve Kalibrasyon Laboratuarları Yeterliliği için Genel Şartlar) Dokümantasyon Eğitimi"*** sertifikası, 20 Kasım 2013, Konya.
- Türk Standardları Enstitüsü (TSE) - ***"TS EN ISO/IEC 17025 (Deney ve Kalibrasyon Laboratuarları Yeterliliği için Genel Şartlar) Temel Eğitimi"*** sertifikası, 18-19 Kasım 2013, Konya.
- Türk Standardları Enstitüsü (TSE) - ***"TS EN ISO 22000 Gıda Güvenliği Yönetim Sistemi İç Tetkik Eğitimi"*** sertifikası, 14-15 Kasım 2013, Konya.
- Türk Standardları Enstitüsü (TSE) - ***"TS EN ISO 22000 Gıda Güvenliği Yönetim Sistemi Dokümantasyon Eğitimi"*** sertifikası, 13 Kasım 2013, Konya.
- Türk Standardları Enstitüsü (TSE) - ***"TS EN ISO 22000 Gıda Güvenliği Yönetim Sistemi Temel Eğitimi"*** sertifikası, 11-12 Kasım 2013, Konya.
- Uluslararası Helal ve Sağlıklı Yiyecek Platformu (IHHFP) - ***"2. Helal ve Sağlıklı Yiyecek Kongresi"*** katılım sertifikası, 7-10 Kasım, Konya.
- Ece Test & Deney Ölçüm Laboratuarları - ***"Agrega Standard Deneyleri (Uygulamalı) Eğitimi"*** sertifikası, 21 Haziran 2013, Konya.
- Türk Standardları Enstitüsü (TSE) - ***"Gıda Güvenliği Sistem Sertifikasyonu (FSSC) 22000 Eğitimi"*** sertifikası, Mayıs 2013, Konya.
- Türk Standardları Enstitüsü (TSE) - ***"TS EN ISO 9001 Kalite Yönetim Sistemi İç Tetkik Eğitimi"*** sertifikası, 25-26 Nisan 2013, Konya.
- Türk Standardları Enstitüsü (TSE) - ***"Ürün Belgelendirme Temel Eğitimi"*** sertifikası, 30-31 Ekim-1 Kasım 2012, Konya.
- Uluslararası Adli Tıp Akademisi (IALM), T.C. Adalet Bakanlığı, T.C. Adli Tıp Kurumu, İstanbul Üniversitesi - ***"22. Uluslararası Adli Tıp Akademisi (IALM) Kongresi"*** katılım sertifikası, 5-8 Temmuz 2012, İstanbul.
- Uluslararası Adli Tıp Akademisi (IALM), T.C. Adalet Bakanlığı, T.C. Adli Tıp Kurumu, İstanbul Üniversitesi - ***"22. Uluslararası Adli Tıp Akademisi (IALM) Kongresi Drug Facilitated Sexual Assault: Get It Right!"*** adlı çalıştaya katılım sertifikası, 4 Temmuz 2012, İstanbul.

- Uluslararası Adli Tıp Akademisi (IALM), T.C. Adalet Bakanlığı, T.C. Adli Tıp Kurumu, İstanbul Üniversitesi - ***"22. Uluslararası Adli Tıp Akademisi (IALM) Kongresi Forensic Toxicology"*** adlı çalıştaya katılım sertifikası, 2-3 Temmuz 2012, İstanbul.

- Avrupa Birliği (AB) - ***"Standartlar Haftası"*** adlı seminere katılım, 23 Mayıs 2012, Konya.

- Türk Standardları Enstitüsü (TSE) - ***"TS EN ISO 9001 Kalite Yönetim Sistemi Temel Eğitim"*** sertifikası, 19-20 Mart 2012, Konya.

- Türk Standardları Enstitüsü (TSE) - ***"TS OIC/ SMIIC 1 Helal Gıda Teknik İnceleme Uzmanı"*** sertifikası, 7-9 Şubat 2012, Ankara.

- Türk Standardları Enstitüsü (TSE) - ***"TS EN ISO/ IEC 17020 Çeşitli Tipteki Muayene Kuruluşlarının Çalıştırılmaları İçin Genel Kriterler"*** eğitim sertifikası, 14 Ocak 2012, Alanya-Antalya.

- Türk Standardları Enstitüsü (TSE) - ***"TS EN ISO 9001 Kalite Yönetim Sistemi Dökümantasyon Eğitimi"*** sertifikası, 9-10 Ocak 2012, Konya.

- Yeditepe Üniversitesi - ***"4. Uluslararası Moleküler Tıp Kongresi"*** katılım sertifikası, 27-30 Haziran 2011, İstanbul.

- Ankara Üniversitesi Tıp Fakültesi Tıbbi Biyokimya Anabilim Dalı - ***"4.Biyokimya Günleri"*** adlı konferansa katılım sertifikası, 21 Nisan 2011, Ankara.

- Türk Toksikoloji Derneği (TTD) - ***"Türkiye'de ve Dünya'da Akademik Performansın Değerlendirilmesi"*** adlı konferansa katılım, Prof. Dr. Mehmet Doğan, Hacettepe Üniversitesi Fen Fakültesi Kimya Bölümü, 19 Nisan 2011, Ankara.

- Ankara Üniversitesi Biyoteknoloji Enstitüsü - ***"Optimization Techniques for Western Blot, Immunoprecipitation, and Immunohistochemistry"*** adlı seminere katılım, Dr. Guillaume Boucher, Abcam Bilimsel Destek Danışmanı, 12 Nisan 2011, Ankara.

- Türkiye Bilimler Akademisi (TÜBA) - ***"Anna Karanina ve Kalıtsal Hastalıkların Genetik Temelleri"*** adlı konferansa katılım, Prof. Dr. Tayfun Özçelik, Bilkent Üniversitesi Moleküler Biyoloji ve Genetik Bölümü, 24 Mart 2011, Ankara.

- Türk Farmakoloji Derneği (TFD) - ***"Klinik Toksikoloji Kursu"*** sertifikası, 22-24 Aralık 2010, İstanbul.

- Hacettepe Üniversitesi Adli Tıp Anabilim Dalı - ***"Türkiye'de Adli Toksikoloji'nin Bugünü ve Geleceği"*** adlı sempozyum katılım sertifikası, 20 Aralık 2010, Ankara.

- Türk Toksikoloji Derneği (TTD) - ***Ankara Üniversitesi Eczacılık Fakültesi Comet*** ile ilgili seminere katılım, Nisan 2010, Ankara.

- Türkiye Bilimler Akademisi (TÜBA) - ***"Mühendislik ile Kanserin buluşması-Kanser Hastalarının Tedavilerinde Dolaşan Kanser Hücrelerinin Önemi"*** adlı konferansa katılım, Prof. Dr. Mehmet Toner, ABD Harvard Tıp Fakültesi ve Harvard MIT Sağlık Bilimleri ve Teknolojileri Bölümü, 30 Mart 2010, Ankara.

VI-Yapılan Çalışmalar

- ***"Using the Correct Comet Assay Parameters of DNA Damages in Cell Studies"*** isimli poster sunumu (9th International Comet Assay Workshop).

- ***"Kurşunun Plasentadaki Düzeylerine Anne Delta Aminolevülinik Asit Dehidrataz Polimorfizminin Etkisi"*** isimli yüksek lisans tezi sunumu (Ankara Üniversitesi Disiplinlerarası Adli Bilimler Anabilim Dalı).

- ***"Association Between Aminolevulinic Acid Dehydratase Polymorphism And Placental Lead Levels"*** isimli kongre bülteni sunumu (49th Congress of the European Societies of Toxicology).

- ***"Association Between Delta-Aminolevulinic Acid Dehydratase Polymorphism And Placental Lead Levels"*** isimli makale sunumu (Environmental Toxicology and Pharmacology dergisi).

- ***"A Review Of Heavy Metal (As, Pb, Cd and Hg) Toxicity On Infants"*** isimli poster sunumu (2th International Congress of Forensic Toxicology "Industrial and Environmental Toxicology").

Kolibri 360 GmbH
Ferdinand-Jühlke-Straße 7
99095 Erfurt, Deutschland
produktsicherheit@kolibri360.de

Druck:
CPI Druckdienstleistungen GmbH
im Auftrag der
Kolibri 360 GmbH
Ferdinand-Jühlke-Str. 7
99095 Erfurt